Operations Research

例題で学ぶ
オペレーションズ・
リサーチ入門

伊藤 益生 著

森北出版株式会社

● 本書のサポート情報を当社 Web サイトに掲載する場合があります．下記の URL にアクセスし，サポートの案内をご覧ください．

https://www.morikita.co.jp/support/

● 本書の内容に関するご質問は，森北出版 出版部「(書名を明記)」係宛に書面にて，もしくは下記の e-mail アドレスまでお願いします．なお，電話でのご質問には応じかねますので，あらかじめご了承ください．

editor@morikita.co.jp

● 本書により得られた情報の使用から生じるいかなる損害についても，当社および本書の著者は責任を負わないものとします．

■ 本書に記載している製品名，商標および登録商標は，各権利者に帰属します．

■ 本書を無断で複写複製（電子化を含む）することは，著作権法上での例外を除き，禁じられています．複写される場合は，そのつど事前に (社)出版者著作権管理機構（電話 03-3513-6969，FAX 03-3513-6979，e-mail：info@jcopy.or.jp）の許諾を得てください．また本書を代行業者等の第三者に依頼してスキャンやデジタル化することは，たとえ個人や家庭内での利用であっても一切認められておりません．

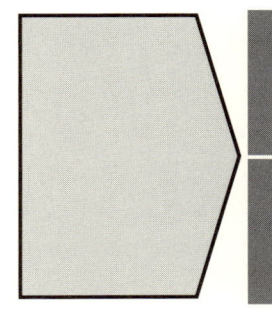

まえがき

　経験と勘に頼らざるを得なかった経営などの場に，科学的技法として導入されたのがオペレーションズ・リサーチ（OR）です．私たちの身の周りでも，郵便物の収集や配達の経路決定，公共性や営利性を考慮した都市施設の最適な配置など適用可能な例は多くあるといわれています．

　ORは，課題が与えられたところから始まり，これを解決する手段として開発されてきた成果です．ですから，本書の内容としては，ORの定番として扱われる手法をまず説明し，その他の手法として，課題に「あいまい」という要素が入り込んだ場合に適用可能な手法を説明しました．「ファジィOR」といわれる手法です．ただし，使う道具を「ファジィ数」に限定し，その説明が，通常のORの自然な拡張になるよう配慮しました．これは，「あいまい」という要素が日常生活のなかで自然に使われる概念であることを考慮してのことです．

　大学などでORを教えてみてわかったことは，興味はあるものの，数学的な説明に困難を感じ，その入り口部分で挫折してしまう学生が意外に多いことです．これをふまえ，本書ではORを初めて学ぶ学生，あるいはORの基礎を理解したいと考える実務者を対象として，しかも比較的短期間にORの概要が把握できるよう配慮してまとめました．そのため，内容は初学者でも使える手法に厳選し，基礎的な事項を中心に説明しました．説明は平易を心掛け，さらに，数学が苦手でも読めるよう，数式の変形による説明は極力避けました．本書が呼び水となり，さらに高度な内容の本に取り組まれることを期待します．

　終わりに，本書の出版に際し，有益なご意見や，周到な助言をいただき，たいへんお世話になった加藤義之氏をはじめとして，森北出版の方々に厚く御礼を申し上げます．なお，本書の事例の作成にあたっては萩原美津代さんと山本弓絵さんの協力を得ました．ここに記してお礼といたします．

2015年5月

著者記す

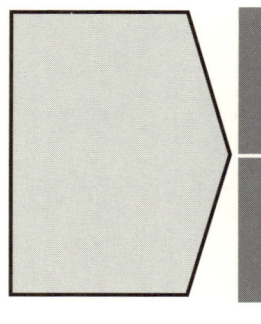

目次

▶ **第1章 ORとは** ─── 1
1.1 ORでできること ……… 1
1.2 ORの進め方 ……… 2
1.3 ORで用いる手法 ……… 4

▶ **第2章 日程計画法** ─── 8
2.1 日程計画法の基礎 ……… 8
2.1.1 アローダイアグラムを作成する 9
2.1.2 ノード時刻を見積もる 11
2.1.3 PERT表を作成する 12
2.2 そのほかの例題 ……… 17
2.2.1 費用を伴う場合（CPM法） 17
2.2.2 作業時間が不確かな場合 19
演習問題 ……………………… 21

▶ **第3章 線形計画法** ─── 25
3.1 線形計画法の基礎 ……… 25
3.1.1 課題を定式化する 26
3.1.2 図を描いて解を求める 27
3.1.3 数値解法で解を求める 29
3.2 そのほかの例題 ……… 31
3.2.1 生産問題 31
3.2.2 栄養問題 34
3.2.3 輸送問題 35
3.2.4 配置問題 37
演習問題 ……………………… 45

▶ **第4章 階層化意思決定法** ─── 48
4.1 階層化意思決定法の基礎 … 48
4.1.1 評価基準を決め，階層図を作成する 49
4.1.2 一対比較により重要度を決定し，ウエイトを決定する 49
4.1.3 C.I.（整合度）を求め，一対比較の妥当性を確認する 54
4.1.4 ウエイトの総合化と意思決定をする 56
4.2 そのほかの例題 ……… 57
4.2.1 評価基準が2層以上の場合 57
4.2.2 不整合な場合の修正処理 59
4.2.3 代替案が多い場合 61
4.2.4 階層化意思決定法を集団の合意形成に利用する場合 65
4.2.5 電卓で処理する場合 66
演習問題 ……………………… 68

▶ **第5章 ファジィOR** ─── 70
5.1 ファジィORの基礎 ……… 70
5.1.1 ファジィ集合 72
5.1.2 離散型ファジィ数の四則演算 74
5.1.3 連続型ファジィ数 78
5.2 例題―各手法への適用 …… 82
5.2.1 ファジィPERT法 82

5.2.2 ファジィLP法　88
5.2.3 ファジィAHP法　93
演習問題 · 97

▶ 第6章　ゲーム理論 ────── 98
6.1　ゲーム理論の基礎 ········ 98
6.1.1 最適な戦略　100
6.1.2 混合戦略（未知数が3以上の場合）　105
6.2　そのほかの例題 ········ 107
6.2.1 混合戦略（利得行列を加工する方法）　107
6.2.2 混合戦略の縮約（優越性を考慮した解法）　108
演習問題 · 110

▶ 第7章　待ち行列理論 ────── 112
7.1　待ち行列理論で利用する各種分布式　112
7.2　待ち行列理論の基礎 ······· 115
7.2.1 到着分布　116
7.2.2 サービス分布　117
7.2.3 リトルの公式　118
7.2.4 ポアソン到着の場合の定常分布　119
7.2.5 標準的な場合 $M/M/1(\infty)$　119
7.3　そのほかの例題 ········ 120
7.3.1 $M/M/1(N)$ の場合　120

7.3.2 $M/M/s(\infty)$ の場合　122
7.3.3 $M/Er/1(\infty)$ の場合　125
演習問題 · 126

▶ 第8章　シミュレーション ── 128
8.1　シミュレーションの基礎 ·· 128
8.1.1 乱数を生成する方法　129
8.2　待ち行列への応用 ········ 132
8.2.1 理論的に解決可能な問題　132
8.2.2 理論値が求められない場合　136
演習問題 · 138

付録　Excelの利用 ────── 139
A.1　連立領域の図示方法 ····· 139
A.2　各手法での利用方法（1）　140
A.2.1 PERT法　140
A.2.2 LP法　142
A.2.3 AHP法　143
A.2.4 ファジィOR　145
A.3　各手法での利用方法（2）　145
A.3.1 ゲーム理論　145
A.3.2 乱数の生成　145
A.3.3 シミュレーション　146

演習問題の解答例　148
参考図書　164
索　　引　165

記号などの一覧

▶ **第2章　日程計画法**

$A \fallingdotseq B$	A と B はほぼ等しい	20		$LS_{(i,j)}$	最遅開始時刻	13
(i,j)	i から j への作業	13		$t_{(i,j)}$	所要時間	13
$EF_{(i,j)}$	最早終了時刻	13		$TE(i)$	最早ノード時刻	12
$ES_{(i,j)}$	最早開始時刻	13		$TF_{(i,j)}$	全余裕	13
$FF_{(i,j)}$	自由余裕	14		$TL_{(i,j)}$	最遅ノード時刻	12
$LF_{(i,j)}$	最遅終了時刻	13				

▶ **第5章　ファジィOR**

$\oplus$	ファジィ数の加法	74		$x \in A$	要素 x は集合 A に属する	71
$\ominus$	ファジィ数の減法	74		$x \notin A$	要素 x は集合 A に属さない	71
$\otimes$	ファジィ数の乗法	74		$(\cdot,\cdot,\cdot)$	三角ファジィ数（TFN）	80
$\oslash$	ファジィ数の除法	74		$\mu_A(x)$	集合 A の帰属度関数	74
$\ominus_m$	ミンコウスキーの減法	83		$C_A(x)$	集合 A の特性関数	71
$A \subset B$	集合 A は集合 B に含まれる	71		$\text{supp}(A)$	集合 A の台集合	73

▶ **第7章　待ち行列理論**

$D(\cdot)$	単位分布	113		L_q	待ち行列の長さの平均	118
D	単位分布の略称	117		M	ポアソン分布および指数分布の略称	117
$Er(\cdot,\cdot)$	アーラン分布	115				
Er	アーラン分布の略称	117		$Po(\cdot)$	ポアソン分布	114
$E(T)$	確率変数 T の平均	113		$T \sim S$	T が S と同じ分布をもつ	113
$Exp(\cdot)$	指数分布	113		$V(T)$	確率変数 T の分散	113
$F(t)$	分布関数	113		W	系内滞在時間	118
G	一般分布の略称	117		W_q	待ち行列時間	118
L	系内滞在人数	118				

第1章 ORとは

　オペレーションズ・リサーチ（operations research：OR）とは，課題を抽象・モデル化し，数学的な手法などを使って解を求める，課題解決の技法である．operations research の和訳「作戦の研究」からわかるように，もともとは，対空火器とレーダーの配置という軍事的な課題を解くために考えられた手法である．当時としては珍しく，軍の専門将校だけでなく，物理学者，生理学者，心理学者，数学者などの学者を集めた混成チームで，この問題の研究に取り組んだ．この思いきった試みが，意外なほどの成功をもたらしたことで，軍事的な面だけでなく，現在では一般社会にも幅広く利用されるようになっている．

　本章では，まず，OR とはどういったものかを紹介しよう．

1.1 OR でできること

　課題を解決する場合，方策の決定に不確定な要素が多く残ってしまい，何が主要因であったかが決められなくなってしまうことがある．たとえば，「スケジュールの都合上，現在進行中の仕事を1日短縮しなくてはならなくなった．どこを短縮したらよいか」とか「新工場を造ることになり，どこに造るか悩んだ」などはよくある課題である．これを解決しようとするとき，絶対的な法則がなければ，経験をふまえた直観的な判断に頼るしかない．ときには，義理人情に左右されることさえあるし，あるいは，いくつかある判断基準のうちから主観的に決めた一つの基準にもとづき決定するしかない．ところが，それで課題は解決したとしても，なぜ解決したかは依然として不明である．

　このような場合，OR では，数学などの合理的な考え方を利用する．これによって，課題と結果の関係性が見えやすくなる．OR を用いて，合理的な判断にもとづいて解を求めれば，その結果に個人差はなく，共通した理解につながり，またすべての要因を同時に考慮して定量的に解決するので，結果から方向性が示しやすいのである．たとえば，スケジュールの問題に対しては「日程計画法」という手法があり，これを用いて検討すれば，余裕のある仕事とそうでない仕事の関係が明確にわかり，どの仕事

を短縮するのが最良であるかが見えてくる．また，新工場の設置場所決定の問題に対しては，「階層化意思決定法」という手法があり，これを用いて検討すれば，案どうしの比較をウエイトという統一基準で測定し，種々の比較要因を同列に並べて比較することが可能になる．これから，課題の立地条件の良し悪しを，消費地からの距離，従業員補充の簡便性，資材の運輸アクセスの良否などさまざまな条件を同時に考慮して，条件ごとのウエイトの合計点を比較し，どの位置が最良であるかを決定できる．

ORですべての課題が解けるわけではないが，ORの研究の歴史は長く，現在では多くの課題に対応できるようになっている．ORで解決できる課題としては，上記に挙げたもののほかに，たとえば，アパレルメーカーが洋服を作るための作業工程を効率よくしたいとき，自動車メーカーが自動車の売り上げを伸ばす方策を考えたいとき，食品メーカーが限られた原料から複数の商品を効率よく製造したいとき，対立するいくつかのアイデアのなかから最適な一つを選びたいときなどがあり，その手法は多様で，枚挙に暇がない．

▶ 1.2　ORの進め方

ORではどのように課題を解決していくのだろうか．つぎの典型的な課題を例にORの進め方を説明しよう．

課題 ある自動車メーカーで，営業からOR担当部署につぎの依頼があった．
　　「若い女性向けのコンパクトカーの売り上げが落ち込んでいる．
　　　原因を究明し，改善策を提案して欲しい．」

(1) 課題解決の目的設定

課題を解決するための方策としては，さまざまなものが考えられる．そこで，まずは，これが営業的な問題なのか，製品自体の問題なのか，あるいはほかの要因によるものなのか，といった問題の大枠をとらえることが必要になる[1]．

問題点をある程度絞ることができたら，つぎは，それを解決するには具体的にどうすればよいかを考える．これを特定することが「ORの目的の設定」にあたる．課題例でいえば，たとえば，「コンパクトカーは若い女性に好まれているが，見た目に問題がある」となり，それをさらに検討するなかで「ボディの色に問題あり」となれば，それを改善することが具体的な目的となる．

---

[1] これには，たとえばブレーンストーミング（brain storming）のような手段がある．課題例でいえば，「若い女性向けのコンパクトカー」ということなどを含め，要因としてどこまで考えておけばよいかを考えておくことである．

(2) 関連する情報の収集

　目的が設定できれば，それに関連する情報を収集する．目的が「自動車の色を改善したい」であれば，色の「何が」問題なのかを判断できる情報を収集する．情報収集は，必要とする情報の種類により，大掛かりな実地調査が必要な場合や，模擬実験が必要な場合もある．課題例の場合，購買層である若い女性を対象にして色に関するアンケートを実施したり，より直接的に若い女性に売れている他社の自動車で人気の色を調べたりすることが考えられる．

(3) 分析とモデル化

　情報が集まったら，その情報を分析する．分析によって，問題点をさらに絞り込み，問題の本質を浮き彫りにする．たとえば，課題例の場合，若い世代の色の好みについて，赤系統の色に集中しているという情報が得られたとしても，20代，30代では好みが異なっていることもあるだろう．そうなればターゲット世代をどこにおくかという別の問題も出てくる．このため，年代と色の好みの傾向を調べることが必要になる．具体的には，異なる色と年代との関連性を調べることになるだろう．この分析のために，現象を可能な限り定量的に表現する．つまり，数学的，論理的な関係式を誘導する．これを現象のモデル化という．対象となる事柄をモデル化することで，分析が容易になる．その際，色も多種類の赤があることをふまえ，その代表的な色と年齢層との関連性が知りたいとなる．

　モデル化にあたっては，どのようなORの手法があり，それはどのような考え方で，どのような範囲に適用可能かといった予備知識が当然必要になる．

(4) 課題の解決

　モデル化できたら，そこから解を求める．厳密な解を求めることが難しい場合は，コンピュータを用いた近似的な解を求めたり，シミュレーションなどの模擬実験を用いて解を探ったりする．ORはもともと実務に応用することを目的とする手法であるから，「だいたい…くらい」という大まかな解しか得られなくても，実務上は十分利用価値がある．

　課題例の場合，若い女性には，色は赤でも濃い赤系統の色が好まれる…などとなる．

(5) 解決策の確認と修正

　解が得られたら，その解をもとに改善案を打ち出すわけだが，つねに改善案が正しい方向に進んでいるかを確認する必要がある．というのは，解を求めるにあたり，とこ

ろどころで分析担当者が，前提を設けていたり，条件を設定していたりするため，そこでのちょっとしたずれが，解に影響する可能性があるからである．このため，確認して，ずれがあるようであれば，条件設定を見直すなどして，あらためて解を導き出す．

課題例の場合，濃い赤ということから，そのまま濃い赤にしたところ，いまいち人気が出なかったので，より詳しく調べ，濃い赤といってもソリッドな濃い赤が人気であるとわかり，改善するといった場合が考えられる．このように，ORでは，解（結果）に不備があれば，条件を変えるなどして再び解を導き，適用することを何回か試みてより良い結果を求める．

以上のように，ORでは，図1.1に示すような計画（Plan）し，実行（Do）し，評価（Check）し，改善（Act）するPDCAサイクルという考え方の流れに沿って課題を解決していく．

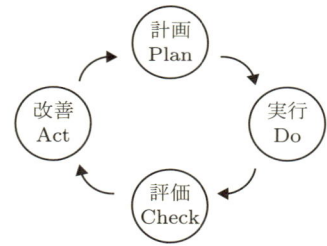

図1.1 PDCAサイクル

1.3 ORで用いる手法

ORの発展とともに，用いる手法も多種多用になってきた．ここでは，第2章以降で学ぶ手法を中心に，代表的な手法を説明しよう．

(1) 日程計画法

第2章で説明する日程計画法は，たとえば，「椅子メーカーが椅子の製作過程でどのように段取りをすれば効率よく作業が進められるか」というような，複数の異なる作業が関連して一つのものを作りあげるときの工程管理などを考える際に役立つ手法である．この手法を使うことで，どの作業がネックになっているかわかる．また，納期を早めなければならないなど，いざというときの方策を考える際の参考にもなる．

(2) 線形計画法

第3章で説明する線形計画法は，たとえば，「複数の同じ原料から作られる多種類の

清涼飲料を製造している清涼飲料メーカーが，原料の量に制限があるなかで，最大の利益を上げるにはそれぞれの清涼飲料をどれだけずつ製造すればよいか」というような，いくつかの条件を満たしながら，利益を最大にしたいとか，損失を最小にしたいという場合の製造計画をするうえで役立つ手法である．この手法を使うことによって，製造個数を増やしたいが，貴重な原料は制限を設けて，ほかの原料をどこまで増やすことが可能かなどの方策を考えることが可能になる．この手法は，応用範囲が広い．最近ではソルバーなどコンピュータを使って計算が可能になったため，条件の変更も容易になり，利用しやすくなっている．

(3) 階層化意思決定法

第4章で説明する階層化意思決定法は，たとえば，「新入社員採用の際，成績面，人物面，会社に対する理解度などを考慮して，最適な人物を決定したい」というように，いくつかの条件をより多く満たす対象物を選びたいというような場合に役立つ手法である．この手法は，どちらがより望ましいかなど一対比較によって必要な情報が取得しやすいことから，利用しやすく，最近注目を集めている．ネクタイの色をどうするか，新車の車種をどうするか，下宿をどこにするかなど，私たちの身の周りには適用できる事例は多い．

(4) ファジィOR

たとえば，「問題を線形計画法で定式化したところ，収益はできるだけ多くしたいが明確に決められない…」というような場合が，第5章で説明するファジィORの典型的な事例である．「できるだけ多く」とは「曖昧（ファジィ）」な言葉であるが，現実社会では日常的に多用されるため，これを無視してはさまざまな事柄に対応することができない．ファジィORは，各手法で解く問題が曖昧さを抱え込んでいる場合に，それを考慮するための手法である．この理論を利用すれば，日常のなかで使っている曖昧な言葉でしか表現できない問題に対しても，合理的な解決策を提案することができる．

(5) ゲーム理論

たとえば，「割引サービスを実施すれば，それに対してライバル店も割引サービスを実施することが考えられる．このとき，どのような売り方が最善か」という問題がある．このとき，一方の商店の利益は他方の商店の損失と考えられる．このような場合を処理する手法が第6章で説明するゲーム理論である．ゲーム理論を用いてビジネスをゲームとしてとらえれば，商行為などの事態を少し異なる観点から眺めることが可能となる．なお，この理論を適用すれば，最適な戦略はどうであるべきかがわかり，勝

つための最適な戦略の立て方が提案できる．

(6) 待ち行列理論

　第7章で説明する待ち行列理論は，たとえば，「診察待ちの患者で混雑している病院で，受診までにどのくらい待てばよいか，待ち人数は30分後何人になるか」というように，待ち時間や待ち人数を予測する方法を提供する手法である．これは，電話が交換手を介して行われていた頃に生まれた理論で，電話の待ちが生じている現状を解決するために，回線をどれだけ増やすべきかを考えたのが始まりといわれている．この手法は，確率・統計の手法を多用することになるが，実際にも応用可能な手法で，現在では宇宙開発やコンピュータ開発などにも応用されている．

(7) シミュレーション

　たとえば，「相談室で，1日に到来する相談者がおおむね50人であるとして，相談員何名をどのように配置すべきか」というような場合で，相談者の到着が特殊であると，到着分布がモデル化できないことから，待ち行列の理論では対応ができない．このような場合に威力を発揮するのが，第8章で説明するシミュレーションである．これによって，相談員の人数を予測することができ，待ち人数の見込みも立てることが可能となる．本書では，シミュレーションはORの最後の手段であると位置づけて考える．

(8) そのほかの手法

　そのほかにも，統計学をベースとして種々の予測法を提供する**予測理論**，商品などの在庫量をどのように扱うのかを提供する**在庫理論**，輸送に関して種々の方向から検討する**輸送理論**，評価全般に関する手法を提供する**評価理論**など，ORにはさまざまな手法がある．

　課題内容から，手法決定までの流れを図1.2に示す．
　なお，確率でいう「不確かさ」とファジィでいう「不確かさ（曖昧さ）」とは異なる概念である．たとえば，転がしたサイコロの目を読むことを考えたとき，「3の目」が出たかどうかは実際に見ればわかる．しかし，それが「小さな目」であるかどうかは実際に見てもわからない．このように，確率でいう「不確かさ」とは，時間の経過，または実験結果の取得によって明らかになるような不確かさであるのに対して，ファジィでいう「不確かさ（曖昧さ）」とは，時間の経過，また実験結果の取得によっても明らかにならないような不確かさである．このため「曖昧さ」については，確率・統計の考え方を使わない手法の最後に説明する．

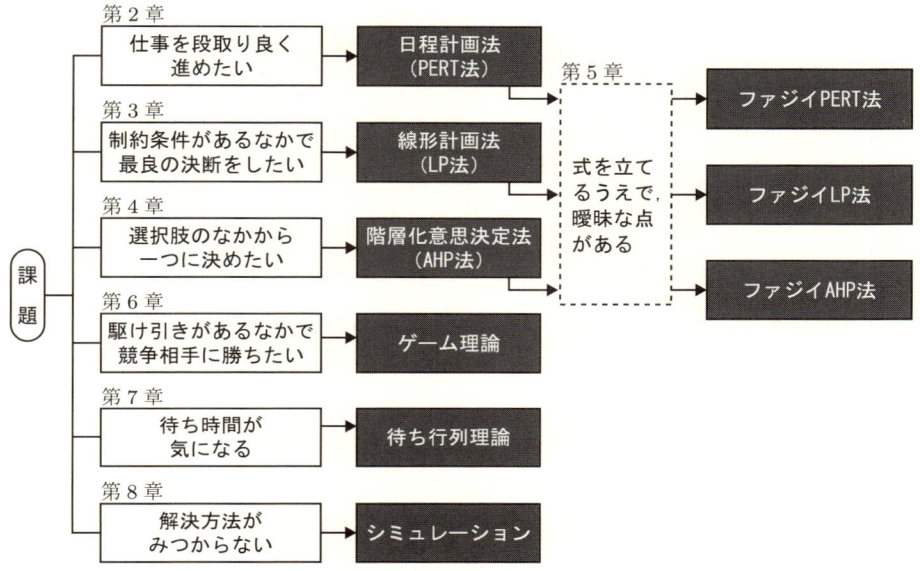

図 1.2 OR の手法を決める手順

第2章 日程計画法

あなたが引越しする場合を考えよう．引越し業者を決め，荷作りができれば，それで「引越し」の準備は整ったのかといえば，そうではない．電力会社へ連絡が必要だろうし，役所や郵便局への各種届出も必要だろう．また，捨てる家具があれば，その処分の手配もしなければならない．このような作業をもれなく進めるにはどうしたらよいだろうか．

引越しに限らず，いくつかの作業が相互に関係しているものごとは多い．たとえば，ビジネスで考えれば，高層ビルや高速道路あるいは橋梁の建設工事などは，地盤などの調査から始まり，躯体工事や鉄骨・鉄筋工事さらには設備工事などいくつかの大きな作業を経て完成する．予定どおり作業が進めば良いが，ときには，予期しない作業の遅れから工期を変更せざるを得なくなることもあるだろう．ただ，工期を短縮したくても，どの作業を短縮すれば良いか，工事の進行表を見ただけでは判断できない場合もある．

このように，段取りを考えたり，管理を適正に処理するために利用する OR の手法が **日程計画法**（スケジューリング：scheduling）である．日程計画法には，日程を基準に考える **PERT 法**（program evaluation and review technique）と，費用を基準に考える **CPM 法**（critical path method）がある．本書では，PERT 法を中心に説明する[1]．

▶ 2.1 日程計画法の基礎

日程計画法では，冒頭であげた例の工事や引っ越しなどを区別なく **仕事** または **プロジェクト**（project）という．仕事は必ず細かい **作業**（job）に分けることができ，各作業にはそれを進める順序がある．先の引越しの例でいえば，引越し業者への手配，荷造り，届出などが作業にあたり，引越し業者を決めてから届出を行うという順序になるだろう．順序が悪いと，"待ち"が出たり，作業の"やり直し"が必要になる．そのため，効率よく仕事を進め，完了するには，それぞれの作業をどのような順序で進め

---

[1] 日程計画法を PERT 法とよび，日程を基準に考える手法を PERT/TIME，費用を基準に考える手法を PERT/COST ということもある．

るかを考える必要がある.

日程計画法では，作業全体を把握するために，まず，**アローダイアグラム（矢線図）**（arrow diagram）やネットワーク（network）といった図を作成する．そして，この図から PERT 表を作成し，詳細に吟味する．図 2.1 に日程計画法で課題を考えるときの流れを示す．

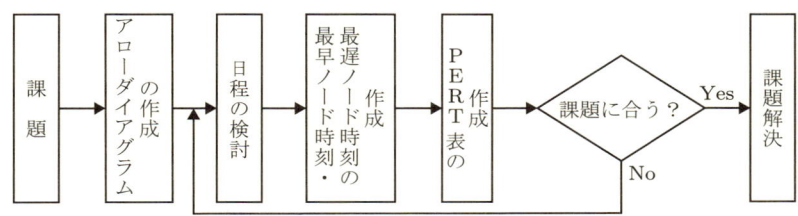

図 2.1　日程計画法の流れ

つぎの例題をもとにして，日程計画法の手順を説明していこう．

例題 2.1

　明太子スパゲティを 3 人前作る．作業は A～F からなり，その所要時間は以下のとおりである．
　A：熱湯を沸かす（5 分）．
　B：熱湯に塩を加えて麺を茹でる（10 分）．
　C：辛子明太子をほぐす（3 分）．
　D：バターを温めて柔らかくする（1 分）．
　E：バターと明太子と醤油をボウルに入れて混ぜ合わせる（2 分）．
　F：茹で上がった麺をボウルに加え，明太子とからめて皿に盛りつける（3 分）．
このとき，(1) 明太子スパゲッティ作りの開始から終了までの最短時間を求め，(2) 予定時間より長くかかっても後の作業に影響を与えない作業があるかを調べよ．

2.1.1　アローダイアグラムを作成する

　例題 2.1 を整理すると，表 2.1 のようにまとめることができる．この表を**作業リスト**という．この表中の**先行作業**（predecessor）とは，その作業を始めるにあたって事前に完了しておかなくてはならない作業のことであり，時間とはその作業の**所要時間**である．

　表 2.1 をもとに作業の流れを図示したのが図 2.2 である．この図をアローダイアグ

表 2.1 例題 2.1 の作業リスト

作業	先行作業	時間 [分]
A	なし	5
B	A	10
C	なし	3
D	なし	1
E	C, D	2
F	B, E	3

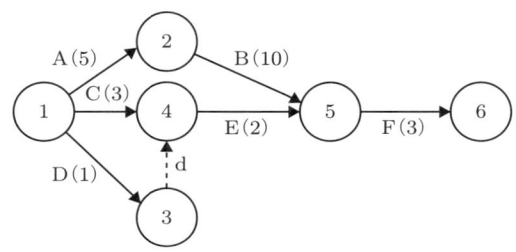

図 2.2 例題 2.1 のアローダイアグラム

ラムという．○はノード（node）といい，作業の開始・終了時点を表し，→はアロー（allow）といい，作業の順序を表す．

アローダイアグラムはつぎのルールに従って描く．

(1) 作業の順序はノードとアローで表す

ノードとノードをつなぐようにアローを描き，アローには，"作業名（作業時間）"を添え，ノードの○中には処理順に数字（これをノード番号という）を入れる．アローは番号の小さなノードから，大きな番号のノードに向かう．

(2) 仕事（プロジェクト）の開始ノードと終了ノードは各一つである

図 2.3(a)のように，二つのノード①，②から出発してはならない．このような場合は，図(b)のように，ダミー（仮想）のアロー d を用いて描き，出発ノードを一つにまとめる．

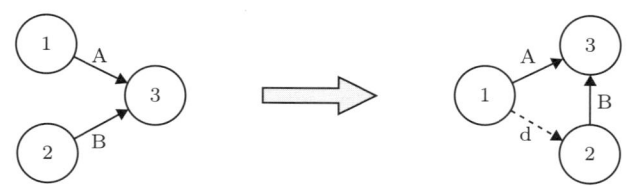

（a）出発点が二つの場合　　（b）出発点を一つにまとめた場合

図 2.3 ルール：開始・終了ノードは各一つとする

終了ノードについても，同様に二つ以上のノードで終了してはならない．

(3) 同じノード間に二本以上のアローを引かない

図2.4(a)のように，同じノード間に二本以上のアローは引いてはならない．どうしても引く必要がある場合は，図(b)のように，ダミーdを引いて帳尻を合わせる．

（a）重複したアローを含む場合　　　　（b）ダミーを利用した場合

図2.4　ルール：アローは重複しない

(4) 無駄なアロー（作業）は省略する

アローダイアグラムは，客観的に判断するための図であるから，無駄な作業は可能な限り省略する．図2.5(a)，(b)は同じことを表しているが，少ない手順の図(b)のように描くのがよい．

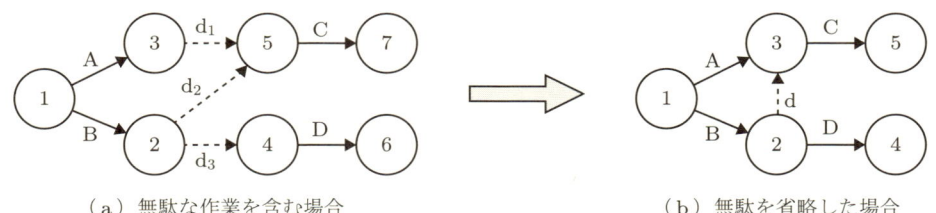

（a）無駄な作業を含む場合　　　　（b）無駄を省略した場合

図2.5　ルール：無駄な作業は整理する

2.1.2　ノード時刻を見積もる

アローダイアグラムができたら，そこに所要時間を書き加えていく．

例題2.1のように，各作業の所要時間（日数）が確定している場合は，その値を絶対的な一つの値として扱う**一点見積もり**という方法を用いる．しかし，実際は，作業の所要時間は一定でないことが多い．そういう場合は，もっとも良い値（最善値，楽観値），もっとも悪い値（最悪値，悲観値），もっとも頻度の高い値（最頻値，最可能値）の三つの値を使う**三点見積もり**という方法を用いる．三点見積もりについては，2.2.2項で少し触れ，第5章では別の観点から詳しく述べる．ここでは一点見積もりで考えることにする．

時刻の見積もりでは，まず，開始ノードから各ノードまでもっとも早く到達する時刻をノードごとに計算する．この時刻は，**最早ノード時刻**（earliest node time）といい，ノード i の最早ノード時刻を $TE(i)$ と表す．

計算した最早ノード時刻は，図 2.6 に示すように，各ノードのわきに書いた枠の上段に記入していく．開始ノード ① の最早ノード時刻は，もちろん 0 である．複数の方向からノードにアローが集まる場合は，もっとも大きな数字を記入する．たとえば，ノード ⑤ には，② と ④ からアローが入っており，それぞれを通った ⑤ へのノード時刻は 15（= 5 + 10）と 5（= 3 + 2）であるので，値の大きい 15 を ⑤ の上段に記入する．このように，複数のノードからアローが向いている場合があるため，最早ノード時刻は，若い番号のノードから順に計算する（前進計算という）．

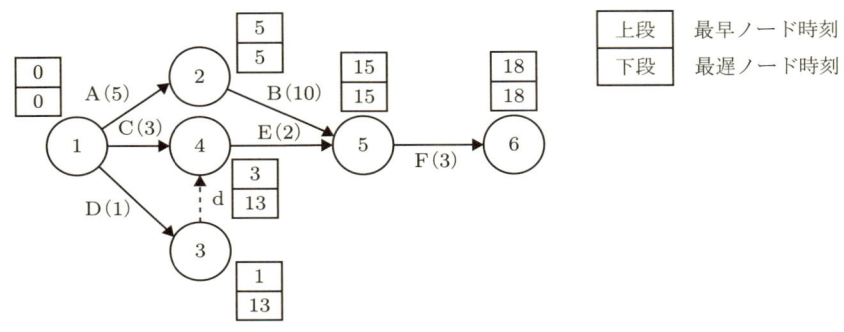

図 2.6　例題 2.1 のノード時刻記入例

つぎに，工程が進んだとき，最終ノードに到達する時刻は遅くならないという条件を守りながら，それぞれのノードにもっとも遅く着いてよい時間である**最遅ノード時刻**（latest node time）を求める．あるノードの最遅ノード時刻はつぎに続くノードの最遅ノード時刻に遅れないように出発する時間である．ノード j の最遅ノード時刻を $TL(j)$ と表す．最遅ノード時刻は，最早ノード時刻とは逆に終了ノードからさかのぼって計算する（後退計算という）．あるノードに二本以上のアローが集まった場合は，そのなかのもっとも小さい値を採用する．これを繰り返して始発ノードまで戻る．その結果はノードのわきに書いた枠の下段に記入する．

2.1.3　PERT 表を作成する

各ノードの最早ノード時刻，最遅ノード時刻を書き加え，図 2.6 のようになったらアローダイアグラムは完成である．つづいて，アローダイアグラムをもとに作業の開始時刻や終了時刻を一覧表としてまとめた PERT 表を作成する．PERT 表にはつぎ

(1) 作業の開始時刻と終了時刻

i から j への作業 (i,j) の所要時間を $t_{(i,j)}$ と表す．図 2.6 の作業 $(4,5)$ を例として説明する（図 2.7）．

最早開始時刻（earliest starting time）　作業 (i,j) をもっとも早く開始できる時刻のことで，$ES_{(i,j)}$ と表す．最早開始時刻は，$TE(i)$（最早ノード時刻）と一致する．図では，$ES_{(4,5)} = 3$ になる．

最早終了時刻（earliest finishing time）　作業 (i,j) をもっとも早く終了できる時刻のことで，$EF_{(i,j)}$ と表す．最早終了時刻は，$TE(i) + t_{(i,j)}$ で計算できる．図では，$EF_{(4,5)} = TE(3) + t_{(4,5)} = 3 + 2 = 5$ になる．

最遅終了時刻（latest finishing time）　作業 (i,j) を遅くともこの時刻までに終了しなくてはならない時刻のことで，$LF_{(i,j)}$ と表す．最遅終了時刻は，$TL(j)$（最遅ノード時刻）と一致する．図では，$LF_{(4,5)} = TL(5) = 15$ になる．

最遅開始時刻（latest starting time）　作業 (i,j) を遅くともこの時刻までに開始しなければならない時刻のことで，$LS_{(i,j)}$ と表す．最遅開始時刻は，$TL(j) - t_{(i,j)}$ で計算できる．図では，$LS_{(4,5)} = TL(5) - t_{(4,5)} = 15 - 2 = 13$ になる．

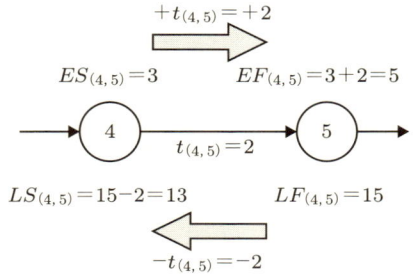

図 2.7　開始時刻と終了時刻の関係

(2) 余裕時間

工期（最終ノードへの到着時刻）に影響を与えることなく，作業を遅らせることが可能な時間を，その作業の**余裕時間**（float）という．余裕時間には，全余裕と自由余裕がある．

全余裕（total float）　最早開始時刻で始め，最遅終了時刻で終了する場合に生じる余裕時間のことで，$TF_{(i,j)}$ と表す．全余裕の時間内であれば，作業の開始が最早開始時刻より遅れてもプロジェクトの終了時刻に影響しない．この時

間以上に作業時間がかかれば，そのまま全体の遅れにつながる．

定義から明らかなように，各作業ごとに

$$TF = 最遅開始時刻\ LS - 最早開始時刻\ ES$$
$$= 最遅ノード時刻\ TL - 最早ノード時刻\ TE$$

によって計算できる．図 2.6 の場合，$LS_{(4,5)} = 13$, $ES_{(4,5)} = 3$ より，$TF_{(4,5)} = 13 - 3 = 10$ になる．

自由余裕（free float） 作業の開始が最早開始時刻より遅れても，つぎの作業の最早開始時刻に影響を与えない余裕のことで，$FF_{(i,j)}$ と表す．作業 (i,j) で考えると，(i,j) の自由余裕は，

j ノードで開始する作業の最早開始時刻 − 作業 (i,j) の最早終了時刻

$$= ES_{(j,*)} - EF_{(i,j)}$$

によって計算できる．これは，後続の作業に影響を与えない余裕ととらえればよい．図 2.6 の場合，$ES_{(5,*)} = 15$, $EF_{(4,5)} = 5$ より，$FF_{(4,5)} = 15 - 5 = 10$ になる．

(3) パス

第 1 ノードから，最後のノードに至る作業のつながりを，**パス**（path）または**経路**という．パスのなかでもっとも重要なのが，**クリティカルパス**（critical path（ギリギリの（きわどい）経路）: CP）である．これは，すべての作業が必ずしも含まれるわけではないが，全余裕時間がゼロ（$TF = 0$）である作業（**クリティカルな作業**という）はすべて含む．全余裕時間がゼロなので，CP 上の作業が少しでも遅れると作業全体が遅れることになる．また，CP を作業の所要時間で考えれば，第 1 ノードから最終ノードに至るパスのなかではもっとも時間の長いものである．明らかに CP 上の時間が短縮できれば，全工程時間の短縮が可能になる．図 2.6 の場合，CP は①→②→⑤→⑥である．

表 2.2 は，図 2.6 から作成した PERT 表である．PERT 表の作成手順はつぎのとおりである．

❶ すべての作業 (i,j) を i が小さい順に記入していく．i が同じ場合は，j の小さい順に記入する．最終行には（最終ノード, 最終ノード）が入る．

❷ 各作業の所要時間 $t_{(i,j)}$ を記入する．

❸ i に合わせて，最早ノード時刻 $TE(i)$ を ES 欄に記入する．

表 2.2 例題 2.1 の PERT 表

作業	時間	ES	EF	LS	LF	TF	FF	CP
(1, 2)	5	0	5	0	5	0	0	●
(1, 3)	1	0	1	12	13	12	0	
(1, 4)	3	0	3	10	13	10	0	
(2, 5)	10	5	15	5	15	0	0	●
(3, 4)	0	1	1	13	13	12	2	
(4, 5)	2	3	5	13	15	10	10	
(5, 6)	3	15	18	15	18	0	0	●
(6, 6)	-	18	-	-	18	-	-	

❹ $ES_{(i,j)} + t_{(i,j)}$ の値を EF 欄に記入する.
❺ j の値に合わせて,最遅ノード時刻 $TL(j)$ を LF 欄に記入する.
❻ $LF_{(i,j)} - t_{(i,j)}$ の値を LS 欄に記入する.
❼ $LS_{(i,j)} - ES_{(i,j)}$ の値を TF 欄へ記入する.
❽ 作業 (i,j) の FF 欄に,[作業 $(j,*)$ の $ES_{(i,j)}$]−[作業 (i,j) の $EF_{(i,j)}$] の値を記入する.
❾ TF 欄が 0 の作業の CP 欄に印を付ける.

PERT 表 2.2 から,例題 2.1 の解はつぎのようになる.

▶ **例題 2.1 の解** (1) 最終の作業(F)が完了する時間は,開始作業(A,C,D)が始められてから 18 分後である.
(2) 余裕のある,つまり自由余裕のある作業は d(3,4), E(4,5) である.ただし,d(3,4) はダミー作業であるから,作業 E(4,5) だけが余裕のある作業ということになる.■

PERT 表は,プロジェクトの内容を精査したり,検討したりする際,重要な役割を果たす資料となる.たとえば,経験豊富なベテランから新人までが一緒にプロジェクトを進めなくてはならない場合,PERT 表があれば,作業の遅延が全体の遅延に直結する CP 上の作業はベテランが担当し,新人には CP 上にない作業を任せるといった判断ができる.また,建設現場などで,作業場の前の道路に利用制限がかかるなど不測の事態が生じれば,利用制限が解除されるまで進められない作業も出てくる.このような場合も PERT 表があれば,作業の順序などを変更したり,事前に済ませておく作業の再変更などが検討できる.つぎの例題を使って,PERT 表の読み取り方について説明していこう.なお,PERT 表は,Excel を利用すれば簡単に作成することができる(付録参照).

例題 2.2

つぎの条件を満たすプロジェクトについて各問に答えよ．ただし，時間の単位は日である．

[条件]　1) A(5) はプロジェクトの最初の作業
　　　　2) A が終了したら，B(2)，C(4) が平行して開始可能
　　　　3) D(5) は A が終了したら開始可能
　　　　4) E(3) は B，C が終了したら開始可能
　　　　5) F(6) は E が終了したら開始可能
　　　　6) G(4) は D，F が終了したら開始可能

(1) アローダイアグラムを作図し，PERT 表を作成せよ．
(2) 全行程の日数を 1 日短縮したい．どの作業を短縮すべきか検討せよ．
(3) 不慣れな新人がどこかの作業を担当することになった．予定より時間がかかってもよい作業を検討せよ．

▶ **解**　(1) 全作業は A～G である．これを整理し，まとめると表 2.3 のような作業リストができる[1]．この表より作成したアローダイアグラムが図 2.8 である．なお，この図には最早ノード時刻，最遅ノード時刻も記入した．PERT 表は表 2.4 のようになる．
(2) PERT 表から，通常，プロジェクトは 22 日かかることがわかる．1 日短縮して 21 日にするためには，その作業の短縮がそのまま全体の作業の短縮につながる，CP 上の作業を選べばよい．CP はノードで書けば，①→②→③→④→⑤→⑥→⑦ なので，このなかからいずれかの作業を 1 日短縮すればよい．とくに条件がないので，割合から考えれば，所要日数が多い作業を選ぶことが最良である．ただし，それぞれの作業が抱える事情もあるだろうから，実際にはそれをふまえて決める必要がある．た

表 2.3　作業リスト

作業	先行作業	後続作業	時間 [日]
A	なし	B, C, D	5
B	A	E	2
C	A	E	4
D	A	G	5
E	B, C	F	3
F	E	G	6
G	D, F	なし	4

---

1) 参考のために**後続作業**（後に続く作業のこと）もリストに入れたが，もちろん省略してよい．

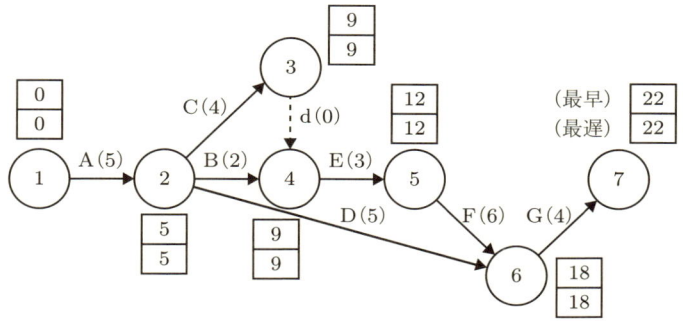

図 2.8　アローダイアグラム

表 2.4　PERT 表

作業	時間	ES	EF	LS	LF	TF	FF	CP
(1, 2)	5	0	5	0	5	0	0	●
(2, 3)	4	5	9	5	9	0	0	●
(2, 4)	2	5	7	7	9	2	2	
(2, 6)	5	5	10	13	18	8	8	
(3, 4)	0	9	9	9	9	0	0	●
(4, 5)	3	9	12	9	12	0	0	●
(5, 6)	6	12	18	12	18	0	0	●
(6, 7)	4	18	22	18	22	0	0	●
(7, 7)	-	22	-	22	-			

とえば，塗装の作業では，作業の時間を早めることはできても，乾燥させる時間は早められないといったようなことが考えられる．このように，OR で数学を使えば合理的な判断ができるといっても，実際の対応を考える場合は，それぞれの作業が抱える事情を考慮して決める必要があることは十分注意してほしい．

(3) 予定より時間がかかってもつぎの作業に影響しない作業は，自由余裕のある作業である．PERT 表から，自由余裕 2 時間の B，自由余裕 8 時間の D が候補になる．実際の場合は，具体的な作業を確認してから決める必要があることは (2) と同じである．　■

2.2　そのほかの例題

2.2.1　費用を伴う場合（CPM 法）

日程にかなり余裕がある場合，当初の判断では 5 人がかりで行っていた作業も，人数を減らして進めることが可能かもしれない．この場合，人数の削減によって費用を

抑えることもできるだろう．また同様に，工期は多少伸ばしてでも，費用を抑えたいという場合もあるだろう．あるいは，ある作業に時間がかかり，工期が何日か伸びてしまったが全体の工期は変更できない場合，費用が余計にかかっても作業人員を増やさなければならないといったことがあるだろう．このような場合，必要な日数と費用の関係を調べる必要がある．

PERT法では所要時間を基準に考えたが，費用を基準に考える手法が，1957年にデュポン社の研究者が中心になって開発したといわれる**CPM法**（critical path method）である．つぎの例を考えてみよう．

例題 2.3

ある作業にかかる日数と費用について，通常の場合と最短の場合を調べたところ，表 2.5 のようになった．全体の日数を 1 日短縮したいとき，どの作業を減らすのが妥当か検討せよ．なお，表中の費用勾配とは，増加費用を短縮日数で割った値である．

表 2.5 作業リスト

作業	標準日数	特急日数	標準費用	特急費用	費用勾配	CP
(1, 2)	8	7	1000	1100	100	●
(1, 3)	9	7	1300	1500	100	
(2, 3)	0	0	0	0	-	
(2, 4)	12	9	2000	2400	400/3	●
(3, 4)	9	6	1500	2000	500/3	

▶ **解** 最早ノード時刻，最遅ノード時刻を標準日程とすると，アローダイアグラムは図 2.9 のようになる．PERT 表の考え方から，日程を短縮するのであれば，CP 上の作業 ① → ② → ④ となる．よって，(1, 2) あるいは，(2, 4) のいずれかを短縮するこ

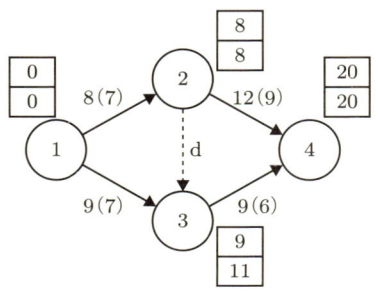

図 2.9 アローダイアグラム

とになる．それぞれの費用勾配は 100 と 400/3 である．費用の増加は少なくしたいので，費用勾配の少ない作業を 1 日短縮すれば，費用の累計額の増加は少なくできる．よって，費用勾配の小さい作業 (1, 2) を選択するのが妥当である．■

以上から，全日程を 1 日減らすのであれば，作業 (1, 2) を 1 日減らすことになる．このとき，これを実行しても限界の特急日数である 7 日になるので，大きな問題は生じない．ただし，2 日以上短縮することになると，同じ仕事の短縮では限界を超えるので不可能となる．これを克服する方法としては，CP 上の作業すべてを対象として，短縮する日数の合計が目的の日数になるように考える方法もある．ただし，この場合は，線形計画法（第 3 章参照）の手法が必要になる[1]．

2.2.2 作業時間が不確かな場合

例題 2.1 では，所要時間を一つの値に決めて考えた（一点見積もり）が，実際の作業の所要時間は明確でないことが多い．そこで考え出されたのが，標準的な時間（最可能値），最短の時間（楽観値），最長の時間（悲観値）という 3 種類の値から見込まれる時間を作業の遂行に必要な時間と考えて処理する**三点見積もり**である．三点見積もりを使えば，最早ノード時刻や最遅ノード時刻を求める際，PERT 表を作成する際に各値はより参考になる情報となる．

三点見積もりでは，作業 (i, j) の作業時間 $t_{i,j}$ を，標準的な時間（最可能値）$= m_{i,j}$，最短時間（楽観値）$= o_{i,j}$，最長時間（悲観値）$= p_{i,j}$ を用いて，

$$（予測公式）\widehat{t_{i,j}} = \frac{4m_{i,j} + o_{i,j} + p_{i,j}}{6} \tag{2.1}$$

から求める[2]．

つぎのプロジェクトを三点見積もりを使って処理してみよう．

---

[1] CPM 法の詳細は参考図書 [2, 13] 参照．
[2] 詳しくは参考図書 [7, 13] 参照．

例題 2.4

AからGまでの作業からなるプロジェクトの作業リストが，表 2.6 のようになった．作業 B は不確かな要因が多く，標準的な値で計画することが不安であり，表 2.6 のように楽観的な値と悲観的な値を想定して計画することにした．作業の終了時間を推測せよ．

表 2.6 作業リスト

作業	標準時間	楽観時間	悲観時間	事前作業
A(1, 2)	4	-	-	-
B(1, 3)	6	4	7	-
C(2, 5)	8	-	-	A
D(3, 4)	3	-	-	A，B
E(4, 6)	4	-	-	D
F(5, 6)	4	-	-	C，D
G(6, 7)	6	-	-	E，F

▶ **解** まず，予測値を求めよう．経験的に**作業時間の推定**は，推定値を式(2.1)によって求める．表 2.6 から，作業 B の最頻値が 6，楽観値が 4，悲観値が 7 であるので，三つの値から推定する値はつぎのようになる[1]．

$$B \text{ の所要時間の推定値} = \frac{4 \times 6 + 4 + 7}{6} = 5.83 \cdots \fallingdotseq 5.8$$

これをもとに計算した結果が表 2.7 である．表からわかるとおり，終了時間は 22 時間である．

表 2.7 PERT 表（推定時間の場合）

作業	時間	ES	EF	LS	LF	TF	FF	CP
(1, 2)	4	0	4	0	4	0	0	●
(1, 3)	**5.8**	0	5.8	3.2	9	3.2	0	
(2, 3)	0	4	4	9	9	5	2	
(2, 5)	8	4	12	4	12	0	0	●
(3, 4)	3	5.8	8.8	9	12	3.2	0	
(4, 5)	0	8.8	8.8	12	12	3.2	3.2	
(4, 6)	4	8.8	12.8	12	16	3.2	3.2	
(5, 6)	4	12	16	12	16	0	0	●
(6, 7)	6	16	22	16	22	0	0	●
(7, 7)	-	22	-	22	-	-		

---

[1] 下の式で，$\fallingdotseq$ は近似値の意味である．

表 2.8 PERT 表（標準時間の場合）

作業	時間	ES	EF	LS	LF	TF	FF	CP
(1, 2)	4	0	4	0	4	0	0	●
(1, 3)	6	0	6	3	9	3	0	
(2, 3)	0	4	4	9	9	5	2	
(2, 5)	8	4	12	4	12	0	0	●
(3, 4)	3	6	9	9	12	3	0	
(4, 5)	0	9	9	12	12	3	3	
(4, 6)	4	9	13	12	16	3	3	
(5, 6)	4	12	16	12	16	0	0	●
(6, 7)	6	16	22	16	22	0	0	●
(7, 7)	-	22	-	-	22	-	-	

　表 2.8 は，作業 B についても標準時間で考えた場合である．比較してみよう．この例では，B が CP 上の作業でないため，終了時刻に変化はないが，CP 上であれば当然変化が生じる．

　三点見積もりは，所要時間の不確かな作業が一つであれば，おおよその状況は掴める．ただし，不確かな作業が二つ以上の場合は，多くの状況が錯綜してしまい，単純に処理できない．これは，作業によっては作業時間の平均値のみならず，バラつきに差が生じることが予想されるためである．したがって，不確かな作業が二つ以上ある場合は，確率・統計の考え方が必要になる．また，三点見積もりでも処理できない，所要時間の不確かな作業が複数ある場合は，ファジィOR を使う．ファジィOR については，第 5 章で説明する[1]．

▶▶▶ 演習問題

2.1 文化祭で，出し物として食べ物の屋台を出すことになった．本番までの流れを表 2.9 のように想定した．つぎの問題に答えよ．
  (1) 最早ノード時刻，最遅ノード時刻入りのアローダイアグラムを書け．
  (2) (1) を利用して，クリティカルパスを求めよ．

2.2 表 2.10 の各作業リストについて，つぎの問題に答えよ．
  (1) アローダイアグラムを作成せよ．
  (2) 最早ノード時刻と最遅ノード時刻を計算せよ．
  (3) PERT 表を作成し，クリティカルパスを求めよ．

2.3 表 2.11 の各作業リストに従い，アローダイアグラム，PERT 表を作成し，クリティカルパスを求めよ．ただし，表(a)は作業 A～K からなり，表(b)は作業 A～T からなる．

---

[1] 興味のある読者は，参考図書 [7]（第 2 章第 2 節）または [13]（第 4 章第 2 節）などを参照．

表 2.9　演習問題 2.1 の作業リスト

作　業	先行作業	時間
A（検討委員の選出）	なし	1
B（作業グループの決定）	A	1
C（販売する食べ物の決定）	B	2
D（屋台の場所の決定）	C	2
E（宣伝チラシの作成）	D	6
F（宣伝チラシの掲示，配布）	E	2
G（屋台の備品借入）	D	3
H（食べ物の調理練習）	G	10
I（保健所の検査を受ける）	C	2
J（屋台の製作）	D	15
K（予行練習）	F, G, H, I, J	3

表 2.10　演習問題 2.2 の作業リスト

(a)

作業	先行作業	時間
A	なし	1
B	なし	2
C	A, B	3
D	C	4

(b)

作業	先行作業	時間
A	なし	1
B	なし	2
C	A, B	3
D	A	4
E	C, D	5

(c)

作業	先行作業	時間
A	なし	1
B	A	2
C	A	3
D	B	4
E	B	5
F	B, C	6
G	B, C	7
H	E, F	8
I	G	9

表 2.11　演習問題 2.3 の作業リスト

(a)

作業	先行作業	時間
A	なし	1
B	なし	2
C	A	3
D	A	4
E	A	5
F	B, C	6
G	B, C, E	7
H	B, C, E	8
I	D, G	9
J	D, F, G, H	10
K	I, J	11

(b)

作業	先行作業	時間	作業	先行作業	時間
A	なし	30	K	J	20
B	A	10	L	G, I	10
C	A	10	M	L	70
D	B	5	N	M	7
E	D	30	O	K, N	5
F	B	10	P	N	3
G	C, F	5	Q	P	5
H	E	15	R	O, Q	3
I	C, H	10	S	O	4
J	C, H	5	T	R, S	3

2.4 図 2.10 に示す各アローダイアグラムによるプロジェクトのクリティカルパスを求めよ．

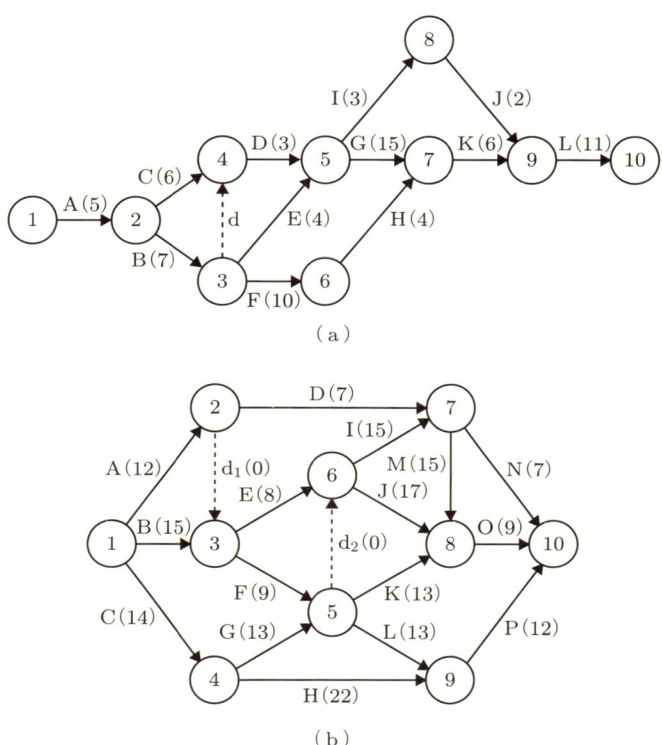

図 2.10 アローダイアグラム

2.5 表 2.12 は，ある建設工事に関して作成した PERT 表である．つぎの問題に答えよ．

表 2.12 PERT 表

作業	時間	ES	EF	LS	LF	TF	FF	CP
(1, 2)	4	0	4	0	4	0	0	●
(1, 3)	6	0	6	3	9	3	0	
(2, 3)	0	4	4	9	9	5	2	
(2, 5)	8	4	12	4	12	0	0	●
(3, 4)	3	6	9	9	12	3	0	
(4, 5)	0	9	9	12	12	3	3	
(4, 6)	4	9	13	12	16	3	3	
(5, 6)	4	12	16	12	16	0	0	●
(6, 7)	6	16	22	16	22	0	0	●
(7, 7)	-	22	-	-	22	-	-	

(1) 作業リストを作成せよ．
(2) アローダイアグラムを作図せよ．
(3) 工事の完成を1日短縮しなくてはならないことになった．どの仕事が短縮の対象になるか指定せよ．
(4) いずれかの作業を新人に担当させるとして，後の担当者に迷惑をかけないようにするにはどの作業を担当させるべきか検討せよ．
(5) 完成日時は遅らせないとして，遅らせることが可能な作業をすべて挙げよ．

第3章 線形計画法

マラソン大会に出場することになった．大会に向けて，栄養をしっかり取りたいが，体重は増やしたくない．栄養を取るには食事をしっかり取らなくてはならないが，食事を取りすぎれば体重増加はまぬがれない．これは，ある目的を達成したいが，それには付帯する制約があり，単純にはいかないという例である．

このようなある種の制約条件のもとで，利益を最大（または損失を最小）にする解を求める OR の手法が**数理計画法**（mathematical programming）（あるいは単に計画法）である．このような種類の問題を最初に定式化し研究したのは，1936 年のカントロビッチ（L.V. Kantorovich）である．本章では，数理計画法のなかでは比較的よく知られている**線形計画法**（linear programming：LP 法）を説明する．

3.1 線形計画法の基礎

線形計画法は，何を目的とし，それを達成するためにどのような制約条件があるか，同時に考えながら式を立て，それを解くという流れで進める手法である．図 3.1 に線形計画法で課題を考えるときの流れを示す．

利益や損失を表す式を**目的関数**（objective function）といい，制約となる式を**制約条件**（constraints）という．そして，目的関数や制約条件が 1 次式（$ax + by$（a, b は定数））で表現できる[1]．これが数学的な問題に帰着できれば，これを解くことによっ

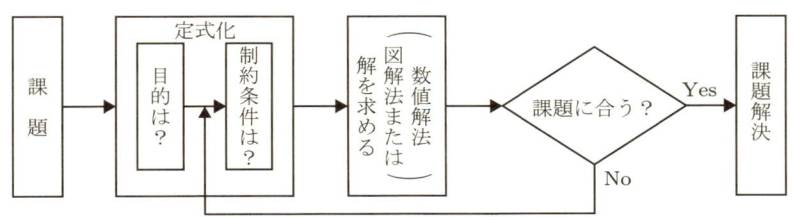

図 3.1　線形計画法の流れ

---

1) $ax + by$ を含まないものを**非線形計画法**（non-linear programming：NLP 法）という．

て，一挙に解決に近づく．つまり，線形計画法の重要な部分は，問題を式として表現することである．これを**定式化**という．したがって，線形計画法は定式化から始まり，それを解くという流れになる．

つぎの例題をもとにして，線形計画法の手順を説明していこう．

例題 3.1

2種類のエナジードリンク"レッド"と"ブラック"を製造しているメーカーがある．二つのエナジードリンクは，同じ三つの原料からできているが，含有量は表3.1のように異なり，1 kL あたりの利益にも差がある．いま，ビタミン B_6 が300，ビタミン C が2100，ナイアシンが2000あるとき[1]，より高い利益を上げるためには，レッド，ブラックをそれぞれどれだけ製造するのがもっとも効率がよいだろうか．もっとも高くなる利益を求めよ．

表 3.1 エナジードリンクの原料の含有量

原料 \ 製品	レッド	ブラック	在庫量
ビタミン B_6	3	4	300
ビタミン C	35	25	2100
ナイアシン	40	11	2000
利　益	80	90	—

3.1.1 課題を定式化する

「何を変化させ，何を最大（最小）にすればよいのか」をまずはっきりさせる．

例題 3.1 では，レッドとブラック，それぞれの製造量がわかれば全体の利益がわかり，最大値が求められる．ここで，レッドの製造量を x，ブラックの製造量を y とすると，全体の利益 $P(x,y)$ は，

$$P(x,y) = 80x + 90y \tag{3.1}$$

である．ここでの利益のように，最終的に求めたいものを表す式を**目的関数**という．

つぎに，原料が満たすべき条件から，式を導く．ビタミン B_6 の使用量はレッドが $3x$，ブラックが $4y$ であり，在庫量は 300 なので，

$$3x + 4y \leq 300 \tag{3.2}$$

と表せる．同様に，ビタミン C，ナイアシンに関する条件は，

---

[1] 本書では，とくに問題にならなければ単位は省略する．

$$35x + 25y \leq 2100 \tag{3.3}$$
$$40x + 11y \leq 2000 \tag{3.4}$$

と表せる．なお，x と y は当然 0 以上なので，

$$x \geq 0, \quad y \geq 0 \tag{3.5}$$

となる．ここでの在庫量のように，問題を考えるとき，ものごとには上限や下限がある．これを不等式などで表した式が**制約条件**である．本例題では，式(3.2)～(3.5)がそれにあたる．定式化で考慮すべき事柄を整理しておこう．

> ❶ 何の値を最大（または最小）にしたいか ➡ 目的と目的関数は？
> ❷ その値は何に依存しているか ➡ 変数は？
> ❸ （資源などに）制約される条件はあるか ➡ 制約条件は？

これで定式化は完了である．式(3.1)～(3.5)を連立不等式として解くこともできるが，ここでは図解法で解いてみよう．

3.1.2 図を描いて解を求める

図解法とは，すべての条件式（式(3.2)～式(3.5)）と目的関数（式(3.1)）を目で見てわかるように図で表し，それを参考にして解く方法である．

▶ **例題 3.1 の解** 式(3.2)～(3.5)を x–y 座標軸上のグラフに記入したのが，図 3.2 である．図の色つき部分は，このすべての制約条件を満たす範囲であり，これを**実行可能領域**（feasible solution region）という．

この実行可能領域のどこかに利益を最大にする点がある．これを求めるために，$P(x,y)$ を k として，$C = k/90$ とおき，式(3.1)をつぎのように変形する．

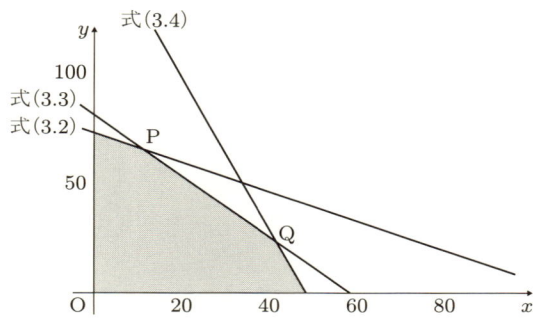

図 3.2　例題 3.1 の実行可能領域

$$y = -\frac{80}{90}x + C \tag{3.6}$$

直線の y 切片 C（$= k/90$）が大きい値であればあるほど，k は大きな値となる．つまり，実行可能領域と直線 $y = -(80/90)x + C$ が交わる（共有点をもつ）ように k の値を変化させ，y 切片 C がもっとも大きくなるところを探せばよい．

そこで，図 3.2 に，式(3.6)で $k = 0$ とおいた直線（▲）を書き加え，それを上下に平行移動させると，図 3.3 のように，直線（★）のとき，つまり式(3.2)と式(3.3)の交点 P を通るとき[1]，最適解になりそうだと見当がつく．これは，実行可能領域の角はすべて出っ張っている（凸型）ので，直線▲を平行移動させると必ず頂点（または辺）と共有点をもつからである．この頂点のどれかが利益を最大（または，損失を最小）にする点（または辺）になることが**端点定理**によって証明されている[2]．このような値を**最適解**（optimal solution）という．つまり，領域の境界上のどこかに最適解をもつ点がある，ということである．

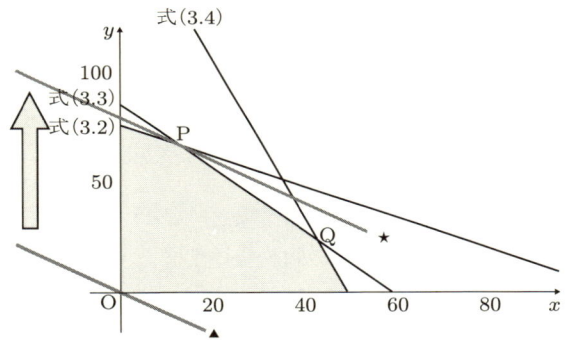

図 3.3 目的関数が最大値をとるときの位置関係

最適解となる頂点の座標に加えて，念のため，そのとなりの頂点の座標も調べてみよう．P は $(13.9, 64.6)$ となり，式(3.3)と式(3.4)の交点 Q は $(43.7, 22.8)$ である．それぞれの値を式(3.1)に代入すると，P を通るとき，$k = 80 \times 13.9 + 90 \times 64.6 = 6926$ になり，Q を通るとき，$k = 80 \times 43.7 + 90 \times 22.7 = 5539$ になる．これから，式(3.6)が点 P を通るとき，最大値をとることがわかる．

以上から，図解法による基本例題の解答は，$x = 13.9, y = 64.6$ のとき，最大

---

[1] 正確には，"式(3.2)と式(3.3)の境界の交点" と表現するべきである．
[2] 端点定理によれば，「条件式を満たす実行可能領域が凸多角形ならば，線形計画法における目的関数の値が最大（または最小）になる可能性があるのは，実行可能領域の辺上の点すべてないしは一つの**端点**である」ことがわかっている．詳しくは，参考図書 [4] の定理 6.6 参照．

値 6926 円と求められる．　　　　　　　　　　　　　　　　　　　　　　■

　以上をまとめると，**図解法**とは，実行可能領域が凸多角形ならば，つぎの手順によって最適解を求める方法である．

> ❶ 実行可能領域の端点（頂点）の座標を求める
> ❷ その座標を目的関数に代入して値を求める
> ❸ そのなかの最大（または最小）値をとる場合を**特定**する

　このように，2 変数の場合は，図解法で比較的容易に最適解は求められる．3 次元の場合も紙上に図示することはできるが，人間の空間把握能力には限界があり，2 変数のときのように容易に見当はつけられない．4 変数以上になれば，なおさらである．そこで，変数が多い場合は，ダンチッヒ（G.B. Dantzig）が提案した**単体法**（またはシンプレックス法：symplex method）やカーマーカー（N. Karmarkar）が提案した内点法，またはコンピュータを用いた数値解法[1]を用いて解く[2]．

　解法のアルゴリズムを提案する単体法や内点法は端点定理にもとづき，候補を絞り込んでいく方法であるから，理論的な根拠は明らかである．単体法と内点法が発表された当時，どちらの方法に利があるかで争われたが，結局いずれも差はないという結論が得られた．その検証をしたのがコンピュータであったといわれる．

　数値解法は，コンピュータの誕生と同時に研究が開始され，その後，多くの処理法が開発されている．また，コンピュータの性能が飛躍的に向上したことによって，一昔前の大型コンピュータの処理レベルがいまでは PC（パーソナルコンピュータ）レベルで達成できるようになっている．つまり，コンピュータが使いこなせるのであれば，理論的な根拠が不明であっても問題を解決することは可能である．

　そこで，つぎに，例題 3.1 を数値解法で解いてみよう．本書では数値解法に，Excel のアドイン・ソフトであるソルバーを利用する[3]．

3.1.3　数値解法で解を求める

　数値解法は，答えの数値を近似的な値として求める方法として考案された方法である．答えは近似値ではあるが，科学技術計算ほど精確な答えを必要としないビジネスでの適用であれば，この種の解法で要求される多数回の高速計算は，コンピュータの性能（処理能力）に向上がみられたことで，PC レベルであっても十分対応が可能で

---

[1] 数値解法は，特別な手法を用いて解くわけではない．アルゴリズムは単体法や内点法などである．
[2] シンプレックス法（単体法）の詳しい説明は参考図書 [4, 10] 参照．
[3] ソルバーの利用については付録 A.2.2 項参照．

ある[1].

本書は，線形計画法の意味を理解するために，2変数の問題についてはあえて「図解法」で説明した．実用面を重視するならばソルバーによる数値解法に利があるので，以後の話では，次数に関係なく解法はもっぱらソルバーによる数値解法で行うことにする．

▶ **例題 3.1 の解**　ソルバーで処理するには，まず Excel で表 3.2 を作成する[2]．入力にあたっては，入力に関する注意点がいくつかあるので，付録 A.2.2 項を参照すること．

ソルバーで処理した結果の Excel 画面が表 3.3 である．これは，図解法で得た結果とほぼ同じである[3].

表 3.2　例題 3.1 の Excel への入力内容

	レッド	ブラック	利用量計	制限量	条件
ビタミンB_6	3	4	7	300	<=
ビタミンC	35	25	60	2100	<=
ナイアシン	40	11	51	2000	<=
製造個数	1	1			
利益	80	90			
利益小計	80	90			
目的関数	=	170	(最大化)		

表 3.3　例題 3.1 のソルバーによる解析結果

	レッド	ブラック	利用量計	制限量	条件
ビタミンB_6	3	4	300	300	<=
ビタミンC	35	25	2100	2100	<=
ナイアシン	40	11	1264.615	2000	<=
製造個数	13.84615	64.61538			
利益	80	90			
利益小計	1107.692	5815.385			
目的関数	=	6923.077	(最大化)		

ソルバーは Excel のほかのページに結果の詳細なレポートが報告される[4]．これを参照することによって，生産量をさらに増やすとしたら，どの原料を増やすべきか，推

---

[1] ただし，現在の PC でも，メモリには限度があり，しかもソルバーはメモリを多く利用するので，メモリ不足で解がみつけられないことが稀に起こる．
[2] Excel では，記号 ≦ は「<=」と入力する．
[3] 生産量や目的関数の値の計算結果は，コンピュータの計算精度の設定次第で，結果の値が少し異なることがある．これは，誤差の範囲と理解してよい．
[4] レポートは，そのすべてが必要なわけではないが，解答，感度，条件に関するレポートが用意されている．

測することが可能になる．

3.2 そのほかの例題

本書で扱う線形計画法の問題は，つぎの四つに分けることができる．
- 生産問題
- 栄養問題
- 輸送問題
- 配置問題

ここでは，問題別に線形計画法を説明していこう．

3.2.1 生産問題

原料の量が限られている状況で，原料が重複する 2 種類以上の製品を製造する場合，「原料を効率よく使って，もっとも大きな利益を得るにはどうすればよいか」といったことを考える問題を，**生産問題**（production problem）という．

例題 3.2

Z ボトリング（株）は，4 種類の清涼飲料 X, Y, U, V を製造販売している．原料は A, B, C, D, E（単位 kg）の 5 種類で，それぞれの割合は表 3.4 のとおりである．X, Y, U, V の 1 kg あたりの利益はそれぞれ 90 円，100 円，120 円，130 円である．このとき，利益が最大になるような X, Y, U, V それぞれの製造量を求めよ．

表 3.4 清涼飲料の原料の含有量

原料 \ 製品	X	Y	U	V	入荷量
A	0.2	0.3	0.2	0.1	30
B	0.3	0.1	0.2	0	25
C	0.1	0.4	0	0.1	30
D	0.1	0	0.3	0	20
E	0	0.1	0	0.3	20
利益（円）	90	100	120	130	—

▶ **解** ［定式化］例題 3.2 の目的は「販売利益を最大にしたい」である．よって，目的関数は，利益の合計になる．製品 X, Y, U, V の製造量（変数）をそれぞれ x, y, u, v kg とおくと，X, Y, U, V の販売利益はそれぞれ $90x, 100y, 120u, 130v$ 円であ

るから，利益の合計額 $P(x,y,u,v)$ はつぎのように表せる．

$$P(x,y,u,v) = 90x + 100y + 120u + 130v \quad （最大化） \tag{3.7}$$

制約条件は，つぎの六つである．資源 A は，X，Y，U，V でそれぞれ $0.2x$, $0.3y$, $0.2u$, $0.1v$ kg だけ使われることになり，制限量は 30 kg であったから，

$$0.2x + 0.3y + 0.2u + 0.1v \leq 30 \tag{3.8}$$

となる．資源 B，C，D，E についても同様に考え，それぞれ次式が成り立つ．

$$0.3x + 0.1y + 0.2u \leq 25 \tag{3.9}$$

$$0.1x + 0.4y + 0.1v \leq 30 \tag{3.10}$$

$$0.1x + 0.3u \leq 20 \tag{3.11}$$

$$0.1y + 0.3v \leq 20 \tag{3.12}$$

さらに，x，y，u，v は負の値はとらないから，次式が成り立つ．

$$x \geq 0, \quad y \geq 0, \quad u \geq 0, \quad v \geq 0 \tag{3.13}$$

[**数値解法**] 連立不等式(3.8)～(3.13)の条件のもとで目的関数の値を最大にする解をソルバーで求めてみよう．

Excel 画面で作成するソルバーへの入力画面は，表 3.5 のとおりである．この表を用いて，ソルバーを実行すると，表 3.6 のような結果が得られる．表からわかるように，ほかの原料は在庫すべてを使い切っているが，原料 C だけは約半分余っている．

表 3.5 例題 3.2 の Excel への入力内容

	製品X	製品Y	製品U	製品V	横計	入荷量	条件
原料A	0.2	0.3	0.2	0.1	0.8	30	<=
原料B	0.3	0.1	0.2	0	0.6	25	<=
原料C	0.1	0.4	0	0.1	0.6	30	<=
原料D	0.1	0	0.3	0	0.4	20	<=
原料E	0	0.1	0	0.3	0.4	20	<=
利　益	90	100	120	130			
製造量	1	1	1	1			
利益小計	90	100	120	130			
目的関数	=	440	（最大化）				

3.2 そのほかの例題

表 3.6 例題 3.2 のソルバーによる解析結果

	製品X	製品Y	製品U	製品V	横計	入荷量	条件
原料A	0.2	0.3	0.2	0.1	30	30	<=
原料B	0.3	0.1	0.2	0	25	25	<=
原料C	0.1	0.4	0	0.1	16.8182	30	<=
原料D	0.1	0	0.3	0	20	20	<=
原料E	0	0.1	0	0.3	20	20	<=
利益	90	100	120	130			
製造量	43.1818	15.9091	52.2727	61.3636			
利益小計	3886.36	1590.91	6272.73	7977.27			

目的関数 = 19727.27273 （最大化）

例題 3.2 の結果を参考に，原料の補充を考え計画を練り直すことも可能である．つぎの関連問題を考えてみよう．

例題 3.3

例題 3.2 で，資源 C を 20 kg まで増やすように計画を変更することにした．例題 3.2 の解析結果から，C 以外の資源に残量はないから，C を増やせば，ほかの資源も増やす必要がある．これより，資源 A，B，D，E の制限量をそれぞれ 40，30，25，25 に変更した．例題 3.2 と同様の条件で最適な製造量を求めよ．

▶ **解**　[定式化] 変更された条件をふまえて定式化しなおすと，制約条件と目的関数はつぎのとおりになる．

$$\text{制約条件}: \begin{cases} \text{変数}: x, y, u, v \\ 0.2x + 0.3y + 0.2u + 0.1v \leq 40 \\ 0.3x + 0.1y + 0.2u \leq 30 \\ 0.1x + 0.4y + 0.1v = 20 \\ 0.1x + 0.3u \leq 25 \\ 0.1y + 0.3v \leq 25 \\ x \geq 0, \quad y \geq 0, \quad u \geq 0, \quad v \geq 0 \end{cases} \quad (3.14)$$

目的関数は，例題 3.2 と同様であり，次式のようになる．

$$P(x, y, u, v) = 90x + 100y + 120u + 130v \quad \text{（最大化）} \quad (3.15)$$

[数値解法] 連立不等式 (3.14) の条件のもとで目的関数を最大にする解をソルバーで求めると，表 3.7 のような結果が得られる．

表 3.7　例題 3.3 のソルバーによる解析結果

	製品X	製品Y	製品U	製品V	横計	入荷量	条件
原料A	0.2	0.3	0.2	0.1	36.4706	40	<=
原料B	0.3	0.1	0.2	0	30	30	<=
原料C	0.1	0.4	0	0.1	20	20	=
原料D	0.1	0	0.3	0	25	25	<=
原料E	0	0.1	0	0.3	25	25	<=
利　益	90	100	120	130			
製造量	49.2647	18.3824	66.9118	77.2059			
利益小計	4433.82	1838.24	8029.41	10036.8			

目的関数　＝　24338.23529　（最大化）

A が少し余り，ほかの資源は条件どおりに消費できた．このように，制限量を変更することで，より効率の良い結果を得ることができる． ■

3.2.2　栄養問題

栄養の摂取量については，たとえば 1 日 100 mg 以上という表記を目にすることがあるだろう．この摂取量は，できるだけ費用を抑えて達成できればそれに越したことはない．このように，「ある値以上の栄養をもっとも低コストで得るにはどうすればよいか」といったことを考える問題を，**栄養問題**（diet problem）という．栄養問題は，下限の制約条件のもとで，結果の最小化を求めるので，生産問題の逆といえる．

例題 3.4

ある食品を作るには 2 種類の原料 X_1, X_2 を使う．この食品には三つの栄養素 A, B, C を基準値以上含まなくてはならないことが決められている．二つの原料の 1 kg あたりの栄養素の含有量 [g] と基準量 [g] は表 3.8 のとおりであり，1 kg あたりの原料の価格が X_1 は 1 万円，X_2 は 2 万円である．このとき，原料費をもっとも安く抑えるには X_1, X_2 を何 kg ずつ使用すればよいか．

表 3.8　原料の栄養素の含有量

栄養素 ＼ 原料	X_1	X_2	基準量
A	3	2	20
B	2	1	7
C	3	7	40
原料単価	1	2	—

▶ **解**　[定式化] 目的は，原料にかかる費用を最小にすることである．費用を計算するには，X_1, X_2 の生産量がわかればよいから，X_1 の生産量（変数）を x_1，X_2 の生産量（変数）を x_2 とおくと，目的関数は原料費の合計額となるので，つぎのようになる．

$$P(x_1, x_2) = P(x_1, x_2) = x_1 + 2x_2 \quad （最小化） \tag{3.16}$$

これを変化させて，かかる費用の総額を計算すればよい．その際，制約条件は，与えられた表から，

$$栄養素 A について：3x_1 + 2x_2 \geq 20 \tag{3.17}$$

$$栄養素 B について：2x_1 + x_2 \geq 7 \tag{3.18}$$

$$栄養素 C について：3x_1 + 7x_2 \geq 40 \tag{3.19}$$

となる．さらに，つぎの条件も含まれる．

$$x_1 \geq 0, \qquad x_2 \geq 0 \tag{3.20}$$

［数値解法］連立不等式(3.17)～(3.20)の条件のもとで目的関数の値を最小にする解をソルバーで求める．Excel の入力画面は表 3.9 になる．これをもとにソルバーで解くと，表 3.10 が得られる．表から，A，C は基準量ちょうどで確保し，B は基準量以上に確保している．

表 3.9　例題 3.4 の Excel への入力内容

	原料X_1	原料X_2	合計	基準量	条件
栄養素A	3	2	5	20	>=
栄養素B	2	1	3	7	>=
栄養素C	3	7	10	40	>=
価　格	1	2			
使用量	1	1			
価格小計	1	2			

目的関数　＝　3　（最小化）

表 3.10　例題 3.4 のソルバーによる解析結果

	原料X_1	原料X_2	合計	基準量	条件
栄養素A	3	2	20	20	>=
栄養素B	2	1	12	7	>=
栄養素C	3	7	40	40	>=
価　格	1	2			
使用量	4	4			
価格小計	4	8			

目的関数　＝　12　（最小化）

3.2.3　輸送問題

運送会社では，さまざまなものをさまざまな場所へ運ぶ．この際，当然，輸送費はできる限り抑えたい．このように，「複数のものを複数の場所へ運ぶのに，もっとも低コストで行うにはどうすればよいか」といったことを考える問題を，**輸送問題**（transportation problem) という.

例題 3.5

あるスーパーでは，二つの工場 X，Y から三つの店 a，b，c に一つの商品を輸送している．輸送費は異なっていて，表 3.11 のとおりである．輸送費を最小にする輸送方法を求めよ．

表 3.11 工場から店への輸送費

工場 \ 店	a	b	c	出荷量
X	4	2	5	15
Y	7	3	4	25
需要量	20	10	10	—

▶ **解** ［定式化］定式化する際の注意点は

全輸送元から出た品物の総数 = 全輸送先に入った品物の総数

が成り立つことである．これをふまえて，定式化してみよう．

輸送費の合計額を最小にするというのが目的になる．各工場から各店への輸送量を変数とし，工場 X から店 a，b，c への輸送量をそれぞれ x_1, x_2, x_3，工場 Y から店 a，b，c への輸送量をそれぞれ y_1, y_2, y_3 とおく．輸送費の合計額が目的関数であり，その値が最小であればよいから，

$$P(x_1, x_2, x_3, y_1, y_2, y_3) = 4x_1 + 2x_2 + 5x_3 + 7y_1 + 3y_2 + 4y_3 \quad (最小化) \tag{3.21}$$

である．

制約条件は六つある．工場から出荷する製品の数に関して成り立つ関係式は，つぎのとおりである．

$$工場 X に関して : x_1 + x_2 + x_3 = 15 \tag{3.22}$$

$$工場 Y に関して : y_1 + y_2 + y_3 = 25 \tag{3.23}$$

販売店に納品する製品の数に関して成り立つ関係式は，つぎのとおりである．

$$店 a に関して : x_1 + y_1 = 20 \tag{3.24}$$

$$店 b に関して : x_2 + y_2 = 10 \tag{3.25}$$

$$店 c に関して : x_3 + y_3 = 10 \tag{3.26}$$

変数は負でない整数しかとれないから，つぎのことが成り立つ．

$$x_1, x_2, x_3, y_1, y_2, y_3 : 負でない整数 \tag{3.27}$$

［数値解法］連立方程式 (3.22)〜(3.27) の条件のもとで目的関数を最小にする解を

ソルバーで求める．輸送問題の場合，多くの変数が使われることと，出す側からの条件と受け入れる側からの条件が入り組んでいることを考慮し，関係する変数に「チェック印（√）」を記入する．

以上をふまえ，Excelでのデータ入力画面は表3.12になる．入力画面では，「出る」に関する制約条件と「入る」に関する制約条件を分けて入力するとよい．生産問題や栄養問題では，以上とか以下（≧，≦）で制約条件を記入したが，この例題では等しい（＝）を指定しているところと整数しかとり得ないことが条件に加えられることを注意してほしい．ソルバーで，変数は整数しかとり得ないことを指定するには，付録を参照のこと．ソルバーによる解析結果は表3.13になる．表から，工場Xから輸送されたのは店aに15個，工場Yからは店aに5個，店b，cにそれぞれ10個ずつ輸送されていることがわかる．

表3.12 例題3.5のExcelへの入力内容

	輸送量x_1	輸送量x_2	輸送量x_3	輸送量y_1	輸送量y_2	輸送量y_3	横計	制限量	条件
工場Xからの出荷	√	√	√				3	15	＝
工場Yからの出荷				√	√	√	3	25	＝
店aへの入荷	√			√			2	20	＝
店bへの入荷		√			√		2	10	＝
店cへの入荷			√			√	2	10	＝
輸送量	1	1	1	1	1	1			
輸送費	4	2	5	7	3	4			
費用小計	4	2	5	7	3	4			
目的関数	＝		25	（最小化）					

表3.13 例題3.5のソルバーによる解析結果

	輸送量x_1	輸送量x_2	輸送量x_3	輸送量y_1	輸送量y_2	輸送量y_3	横計	制限量	条件
工場Xからの出荷	√	√	√				15	15	＝
工場Yからの出荷				√	√	√	25	25	＝
店aへの入荷	√			√			20	20	＝
店bへの入荷		√			√		10	10	＝
店cへの入荷			√			√	10	10	＝
輸送量	15	0	0	5	10	10			
輸送費	4	2	5	7	3	4			
費用小計	60	0	0	35	30	40			
目的関数	＝		165	（最小化）					

3.2.4 配置問題

会社の人事課では，新入社員の配属先や人事異動の異動先の決定などで，多くの社員を適性を考慮しながら配置することになる．このように，「多くのものを，多くの場所に配置するのに，そのものがもっている適合性を最大限に生かすように，あるいは，

不適合性を最小限に押さえるように，配置するにはどうするか」といったことを考える問題を**配置問題**（assingnment problem）という．これに分類される問題は多い．代表的な事例として，人事問題と仕事の割り当て問題を考えよう．

例題 3.6

Z商事には第1営業所，第2営業所，第3営業所がある．各営業所から人事に出された依頼内容にもとづき，表3.14の人事異動を計画した．また，各支店への異動に伴う1人あたりの費用（万）は表3.15のとおりである．このとき，費用を最小にする最適な異動計画を求めよ．

表 3.14　営業所の異動人数

営業所 \ 人数	転出	転入
1	7	8
2	8	10
3	10	7
計	25	25

表 3.15　1人あたりの異動費用

異動元 \ 異動先	1	2	3
1	−	56	70
2	40	−	58
3	45	36	−

▶ **解**　このような問題を考える際，出る人数と受け入れる人数の動きを分けて考えることが重要である．

[定式化] 目的は，人事異動に伴う費用の総計を最小にすることである．第i営業所から第j営業所への異動人数をX_{ij}（変数）と表すことにする．なお，$i=1,2,3$，$j=1,2,3$である．ただし，X_{11}, X_{22}, X_{33}の値は必然的に0になる．目的関数はつぎのようになる．

$$P = 56X_{12} + 70X_{13} + 40X_{21} + 58X_{23} + 45X_{31} + 36X_{32} \quad (最小化) \tag{3.28}$$

制約条件はつぎが考えられる．出る人数に関する制約条件は次式が成り立つ．

$$X_{ij}\,(i=1,2,3, j=1,2,3)：負でない整数 \tag{3.29}$$

第1営業所からほかの営業所への異動人数は7人だから，

$$X_{12} + X_{13} = 7 \tag{3.30}$$

であり，ほかも同様に考えて，次式が成り立つ．

$$X_{21} + X_{23} = 8 \tag{3.31}$$

$$X_{31} + X_{32} = 10 \tag{3.32}$$

入る人数に関する制約条件は次式が成り立つ．

$$X_{21} + X_{31} = 8 \quad (第1営業所で受け入れる人数は8人) \tag{3.33}$$

$$X_{12} + X_{32} = 10 \tag{3.34}$$

$$X_{13} + X_{23} = 7 \tag{3.35}$$

［**数値解法**］連立方程式(3.29)～(3.35)の条件のもとで目的関数の値を最小にする解をソルバーで求めてみよう．

Excel 画面では表 3.16 のように入力する．この場合も，「チェック印」を利用する．必要事項を Excel 上で入力し，ソルバーを起動し，データを入力すると，Excel 画面上に解析結果が表 3.17 のとおり表示される．表からわかることは，第1営業所から異動した7名は全員第3営業所に配属され，第2営業所から異動した8名は全員第1営業所に配属され，第3営業所から異動した10名はこれまた全員第2営業所に配属されることである．これは，営業所間の異動費用を固定していることによる．

表 3.16 例題 3.6 の Excel への入力内容

	異動人数X_{12}	異動人数X_{13}	異動人数X_{21}	異動人数X_{23}	異動人数X_{31}	異動人数X_{32}	横計	制限量	条件
第1営業所から異動	✓	✓					2	7	=
第2営業所から異動			✓	✓			2	8	=
第3営業所から異動					✓	✓	2	10	=
第1営業へ異動			✓		✓		2	8	=
第2営業へ異動	✓					✓	2	10	=
第3営業へ異動		✓		✓			2	7	=
異動費用	56	70	40	58	45	36			
異動数	1	1	1	1	1	1			
小計	56	70	40	58	45	36			

目的関数 = 305 (最小化)

表 3.17 例題 3.6 のソルバーによる解析結果

	異動人数X_{12}	異動人数X_{13}	異動人数X_{21}	異動人数X_{23}	異動人数X_{31}	異動人数X_{32}	横計	制限量	条件
第1営業所から異動	✓	✓					7	7	=
第2営業所から異動			✓	✓			8	8	=
第3営業所から異動					✓	✓	10	10	=
第1営業へ異動			✓		✓		8	8	=
第2営業へ異動	✓					✓	10	10	=
第3営業へ異動		✓		✓			7	7	=
異動費用	56	70	40	58	45	36			
異動数	0	7	8	0	0	10			
小計	0	490	320	0	0	360			

目的関数 = 1170 (最小化)

例題 3.7

Z商事には第1営業所，第2営業所，第3営業所がある．各営業所から出された要望をとり入れた人事異動計画は表3.18のとおりである．出る人数は希望者の数であり，入る人数はその営業所で必要な人数である．また，各支店への異動に伴う費用（万）は表3.19のとおりである．費用を最小にする最適異動計画を求めよ．ただし，異動できない人が出ることはやむを得ないものとする．

表3.18 営業所の異動人数

営業所 \ 人数	転出	転入
1	7	7
2	8	7
3	10	7
計	25	21

表3.19 1人あたりの異動費用

異動元 \ 異動先	1	2	3
1	−	56	70
2	40	−	58
3	45	36	−

▶ **解** ［定式化］目的は，人事異動に伴う費用の総額を最小にしたいことである．第i営業所から，第j営業所への異動人数をX_{ij}（変数）とおく．なお，$i = 1, 2, 3$, $j = 1, 2, 3$である．ただし，X_{11}, X_{22}, X_{33}の値は必然的に0になる．目的関数はつぎのようになる．

$$P = 56X_{12} + 70X_{13} + 40X_{21} + 58X_{23} + 45X_{31} + 36X_{32} \quad (最小化) \tag{3.36}$$

前問との違いは，出る人数のほうが入る人数より多いことである．これを条件化して考えるならば，「入る人数の合計は，出る人の数の合計より少ない」ということである．これを条件式で表す．

制約条件は以下が考えられる．出る人数に関する制約条件は次式が成り立つ．

$$X_{ij} \, (i = 1, 2, 3, \, j = 1, 2, 3)：負でない整数 \tag{3.37}$$

第1営業所からほかの営業所への異動人数は全員が異動可能なわけではないので7人以下となるから，

$$X_{12} + X_{13} \leq 7 \tag{3.38}$$

であり，ほかの営業所も同様に考えて，次式が成り立つ．

$$X_{21} + X_{23} \leq 8 \tag{3.39}$$

$$X_{31} + X_{32} \leq 10 \tag{3.40}$$

入る人数に関する制約条件は次式が成り立つ．第1営業所で受け入れる人数はちょうど7人だから，

$$X_{21} + X_{31} = 7 \tag{3.41}$$

であり，ほかの営業所も同様に考えて，次式が成り立つ．

$$X_{12} + X_{32} = 7 \tag{3.42}$$

$$X_{13} + X_{23} = 7 \tag{3.43}$$

[**数値解法**] 条件式(3.37)〜(3.43)の条件のもとで目的関数の値を最小にする解をソルバーで求める．

Excel画面上では表3.20のように入力する．この場合も，多くの変数が使われることと，出す側からの条件と受け入れる側からの条件が相互に関係するので，制約条件を考えるのはどの変数になるのかを「チェック印」で表現する．すると，ソルバーでの解析結果は表3.21になる．表から，第1営業所から出された異動希望7名のうち，

表 3.20 例題 3.7 の Excel への入力内容

	異動人数X_{12}	異動人数X_{13}	異動人数X_{21}	異動人数X_{23}	異動人数X_{31}	異動人数X_{32}	横計	制限量	条件
第1営業所から異動	✓	✓					2	7	<=
第2営業所から異動			✓	✓			2	8	<=
第3営業所から異動					✓	✓	2	10	<=
第1営業所へ異動			✓		✓		2	7	=
第2営業所へ異動	✓					✓	2	7	=
第3営業所へ異動		✓		✓			2	7	=
費用	56	70	40	58	45	36			
異動人数	1	1	1	1	1	1			
費用の小計	56	70	40	58	45	36			

目的関数 = 305 （最小化）

表 3.21 例題 3.7 のソルバーによる解析結果

	異動人数X_{12}	異動人数X_{13}	異動人数X_{21}	異動人数X_{23}	異動人数X_{31}	異動人数X_{32}	横計	制限量	条件
第1営業所から異動	✓	✓					3	7	<=
第2営業所から異動			✓	✓			8	8	<=
第3営業所から異動					✓	✓	10	10	<=
第1営業所へ異動			✓		✓		7	7	=
第2営業所へ異動	✓					✓	7	7	=
第3営業所へ異動		✓		✓			7	7	=
費用	56	70	40	58	45	36			
異動人数	0	3	4	4	3	7			
費用の小計	0	210	160	232	135	252			

目的関数 = 989 （最小化）

例題 3.8

3人の職員（A，B，C）に三つの仕事（Ⅰ，Ⅱ，Ⅲ）を割り当てる．あらかじめ適性試験を実施し，表3.22のような結果を得た．表は，適性を数字で表し，数値が高い者は適性が高い．このとき，3人の適正値の合計がもっとも高くなるような配置を考えよ．

表3.22　職員の仕事に対する適性

職員 \ 仕事	Ⅰ	Ⅱ	Ⅲ
A	5	7	4
B	6	3	7
C	8	2	11

▶**解**　[定式化] 目的は適正値の合計が最大になるような配属を決めることである．職員Aに仕事Ⅰ，Ⅱ，Ⅲを割り当てることを，a_1, a_2, a_3（変数）で表し，この値が1をとるか，0をとるかで，割り当てられたか否かを表現することにする．たとえば，$a_1 = 0, a_2 = 1, a_3 = 0$ ならば，AにⅡが割り当てられたことになる．B，Cについても同様に定める．目的関数は適性値の合計を表す式の最大化となる．つまり，つぎのようになる．

$$P = 5a_1 + 7a_2 + 4a_3 + 6b_1 + 3b_2 + 7b_3 + 8c_1 + 2c_2 + 11c_3 \quad （最大化） \quad (3.44)$$

制約条件を考えると，職員Aにはいずれかの仕事が割り当てられるから，

$$a_1 + a_2 + a_3 = 1 \quad (3.45)$$

B，Cも同様に考えて，

$$b_1 + b_2 + b_3 = 1 \quad (3.46)$$
$$c_1 + c_2 + c_3 = 1 \quad (3.47)$$

となる．さらに，仕事の側から考えると，仕事Ⅰは職員A，B，Cのなかから一人が行うのだから，

$$a_1 + b_1 + c_1 = 1 \quad (3.48)$$

となる．仕事Ⅱ，Ⅲについても同様だから，次式が成り立つ．

$$a_2 + b_2 + c_2 = 1 \quad (3.49)$$

$$a_3 + b_3 + c_3 = 1 \tag{3.50}$$

さらに，A に関する変数はすべて非負であり，人の数だから変数は整数である．よって，$a_1, a_2, a_3 \geq 0$ であり，かつ整数となる．B, C に関しても同様の制限が成り立つ．

$$\text{すべての変数は非負であり，整数の値をとる} \tag{3.51}$$

［数値解法］条件式(3.45)〜(3.51)のもとで目的関数の値を最大にする解をソルバーで求める．

Excel 画面上ではデータを表 3.23 のとおりに入力する．ソルバーを実行し処理すると，最終的に表 3.24 が得られる．

表 3.23　例題 3.8 の Excel への入力内容

	a1	a2	a3	b1	b2	b3	c1	c2	c3	横計	制限量	条件
職員A	✓	✓	✓							3	1	=
職員B				✓	✓	✓				3	1	=
職員C							✓	✓	✓	3	1	=
仕事I	✓			✓			✓			3	1	=
仕事II		✓			✓			✓		3	1	=
仕事III			✓			✓			✓	3	1	=
適性値	5	7	4	6	3	7	8	2	11			
配置人数	1	1	1	1	1	1	1	1	1			
適性値小計	5	7	4	6	3	7	8	2	11			

目的関数　=　53　（最大化）

表 3.24　例題 3.8 のソルバーによる解析結果

	a1	a2	a3	b1	b2	b3	c1	c2	c3	横計	制限量	条件
職員A	✓	✓	✓							1	1	=
職員B				✓	✓	✓				1	1	=
職員C							✓	✓	✓	1	1	=
仕事I	✓			✓			✓			1	1	=
仕事II		✓			✓			✓		1	1	=
仕事III			✓			✓			✓	1	1	=
適性値	5	7	4	6	3	7	8	2	11			
配置人数	0	1	0	1	0	0	0	0	1			
適性値小計	0	7	0	6	0	0	0	0	11			

目的関数　=　24　（最大化）

例題 3.9

仕事 I〜IV を 3 人の職員 A, B, C に割り当てたい．各職員の仕事に要する時間は表 3.25 のとおりである．所要時間の合計を最小にする割り当てを求めよ．ただし，1 職員に 1 仕事が割り当てられるものとし，どの職員にも割り当てられない仕事が一つあるものとする．

表 3.25　職員の仕事に要する時間

職員 \ 仕事	I	II	III	IV
A	20	15	26	40
B	15	32	46	26
C	18	15	2	12

▶ 解　[定式化] 目的は，仕事の処理時間の総計が最小になるような仕事の割り当てである．職員 A には仕事 I から仕事 IV のなかから一つを割り当てられることになるので，変数は A に仕事 I が割り当てられる場合は $a_1 = 1$，割り当てられない場合は $a_1 = 0$ で表すと決めることにすれば，a_1, a_2, a_3, a_4 が変数になり，同様に B, C に関しても $b_1, b_2, b_3, b_4, c_1, c_2, c_3, c_4$ が変数になる．目的関数は，仕事に要する時間の合計の最小化より，つぎのようになる．

$$P = 20a_1 + 15a_2 + 26a_3 + 40a_4 + 15b_1 + 32b_2 + 46b_3$$
$$+ 26b_4 + 18c_1 + 15c_2 + 2c_3 + 12c_4 \quad (\text{最小化}) \tag{3.52}$$

制約条件について考えると，まず，職員 A には仕事 I から仕事 IV のうちのいずれか一つが割り当てられるから，

$$a_1 + a_2 + a_3 + a_4 = 1 \tag{3.53}$$

B, C についても同様に，

$$b_1 + b_2 + b_3 + b_4 = 1 \tag{3.54}$$
$$c_1 + c_2 + c_3 + c_4 = 1 \tag{3.55}$$

が成り立つ．さらに，仕事の側から考えると，仕事 I に決まるのは，1 人かまたは誰も割り当てられないかのいずれかである．よって，

$$a_1 + b_1 + c_1 \leq 1 \tag{3.56}$$

となる．II, III, IV の仕事についても同様に考えて，次式が成り立つ．

$$a_2 + b_2 + c_2 \leq 1 \tag{3.57}$$
$$a_3 + b_3 + c_3 \leq 1 \tag{3.58}$$

$$a_4 + b_4 + c_4 \leq 1 \tag{3.59}$$

また，つぎも成り立つ．

$$\text{すべての変数は負でない整数である} \tag{3.60}$$

[**数値解法**] Excel の入力画面は表 3.26 になる．ソルバーを起動し，パラメーター入力画面で「□制約のない変数を非負数にする（K）」の□にチェックが入っていること，制約条件の欄に「整数指定」があることを確認すること．

処理結果は表 3.27 のとおりである．ただし，条件の欄の「1 =」とは「計」の値との比較をするもので「計 = 1」を，「1 ≦」とは「合計は 1 以下」を意味することに注意しよう．結果から，仕事Ⅳに配属される人はいなかったことがわかる．

表 3.26 例題 3.9 の Excel への入力内容

	a1	a2	a3	a4	b1	b2	b3	b4	c1	c2	c3	c4	横計	制限量	条件
職員A	✓	✓	✓	✓									4	1	=
職員B					✓	✓	✓	✓					4	1	=
職員C									✓	✓	✓	✓	4	1	=
仕事Ⅰ	✓				✓				✓				3	1	<=
仕事Ⅱ		✓				✓				✓			3	1	<=
仕事Ⅲ			✓				✓				✓		3	1	<=
仕事Ⅳ				✓				✓				✓	3	1	<=
時 間	20	15	26	40	15	32	46	26	18	15	2	12	✕	✕	✕
人 数	1	1	1	1	1	1	1	1	1	1	1	1	✕	✕	✕
小 計	20	15	26	40	15	32	46	26	18	15	2	12	✕	✕	✕
目的関数	=	267	(最小化)												

表 3.27 例題 3.9 のソルバーによる解析結果

	a1	a2	a3	a4	b1	b2	b3	b4	c1	c2	c3	c4	横計	制限量	条件
職員A	✓	✓	✓	✓									1	1	=
職員B					✓	✓	✓	✓					1	1	=
職員C									✓	✓	✓	✓	1	1	=
仕事Ⅰ	✓				✓				✓				1	1	<=
仕事Ⅱ		✓				✓				✓			1	1	<=
仕事Ⅲ			✓				✓				✓		1	1	<=
仕事Ⅳ				✓				✓				✓	0	1	<=
時 間	20	15	26	40	15	32	46	26	18	15	2	12	✕	✕	✕
人 数	0	1	0	0	1	0	0	0	0	0	1	0	✕	✕	✕
小 計	0	15	0	0	15	0	0	0	0	0	2	0	✕	✕	✕
目的関数	=	32	(最小化)												

▶▶▶ 演習問題

3.1 太郎君は食品 X, Y を食べることによって 2 種類の栄養 A, B を摂取することを考えた．X には A が 2 単位，B が 3 単位含まれ，Y には A が 1 単位，B が 1 単位含まれることがわかっている．X の 1 個あたりの単価は 900 円，Y の 1 個あたりの単価は 500 円であ

る．太郎君は A を 18 単位，B を 30 単位以上摂り，かかる費用は最小にしたいと考えている．最適な購入方法を考えよ．ただし，図解法で解け．

3.2 つぎの二つの線形計画問題

$$(1) \begin{cases} x_1 \geq 0, \quad x_2 \geq 0 \\ a_{11}x_1 + a_{12}x_2 \leq a_{10} \\ a_{21}x_1 + a_{22}x_2 \leq a_{20} \\ a_{31}x_1 + a_{32}x_2 \leq a_{30} \\ f = v_1 x_1 + v_2 x_2 \quad (最大化) \end{cases}$$

$$(2) \begin{cases} y_1 \geq 0, \quad y_2 \geq 0, \quad y_3 \geq 0 \\ a_{11}y_1 + a_{21}y_2 + a_{31}y_3 \geq v_1 \\ a_{12}y_1 + a_{22}y_2 + a_{32}y_3 \geq v_2 \\ g = a_{10}y_1 + a_{20}y_2 + a_{30}y_3 \quad (最小化) \end{cases}$$

には，「(1) の最大値 = (2) の最小値」の関係がある．これを利用すると，変数の数の多い問題を少ない問題に直して解くことが可能である[1]．この解法を**双対法**という．これを利用して，つぎの問題を解け．

$$\begin{cases} x_1 + x_2 + 2x_3 \geq 10 \\ 3x_1 + x_2 + x_3 \geq 20 \\ x_1, x_2, x_3 \geq 0 \\ f = 12x_1 + 6x_2 + 10x_3 \quad (最小化) \end{cases}$$

3.3 S 社では，3 種類の原料 A，B，C から物質 X，Y を抽出している．原料 A，B，C の 1 kg あたりの価格は，それぞれ 1000 円，1200 円，1500 円であり，それぞれから抽出される物質 X，Y の量および 1 日あたり抽出すべき物質の最小限度量は表 3.28 のとおりである．また，原料のうち，原料 A の 1 日あたりの購入量の最大限度量は 90 kg であり，ほかの原料に制限はないものとする．1 日あたりの原料の購入費が最小になる購入量を求めよ．

表 3.28 原料からの物質の抽出量

物質 \ 原料	A	B	C	最小限度量 [g]
X	3	2	3	1000
Y	1	4	4	1500

3.4 ある製品の工場別製造量は，A 工場 20 個，B 工場 60 個，C 工場 30 個であり，工場から納品している販売店の販売量は X 販売店 50 個，Y 販売店 60 個である．輸送費（万円）は表 3.29 のとおりである．このとき，輸送費を最小にする輸送量の最適な配分を求めよ．

表 3.29 工場から販売店への輸送費

工場 \ 販売店	X	Y
A	7	9
B	8	6
C	4	7

---

[1] もちろんだが，変数の数が同じであれば，この方法にメリットはない．

3.5 ある会社の二つの倉庫 X, Y から三つの販売店 a, b, c に品物を輸送している．輸送費は異なっていて表 3.30 のとおりである．輸送費を最小にする輸送方法を求めよ．ただし，出荷量は在庫量の範囲内で行うものとする．

表 3.30 倉庫から販売店への輸送費

倉庫 \ 販売店	a	b	c	在庫量
X	4	2	5	15
Y	7	3	4	20
需要量	11	5	9	—

3.6 3 人の新入社員 A, B, C を三つの部署（営業，経理，人事）に 1 人ずつ配属することになった．各人の仕事に対する適性は表 3.31 のとおりである．ただし，適性値は 10 点満点として，値が高いほど適性があると考えることにする．このとき，適性を考慮した配属を求めよ．

表 3.31 社員の部署別適性

社員 \ 部署	営業	経理	人事
A	5	10	8
B	8	7	6
C	4	7	9

3.7 仕事 I～VI を 5 人の職員 A～E に割り当てたい．各職員の仕事に要する時間は表 3.32 のとおりである．所要時間を最小にする割り当てを求めよ．ただし，1 職員に 1 仕事が割り当てられるものとし，どの職員にも割り当てられない仕事が一つあるものとする．つぎの二つの考え方で最適の割り当てを考えよ．
 (1) 5 人の職員の仕事に要する時間の合計が最小になる場合
 (2) 全員が一斉に仕事に取り組んだとして，全員がもっとも早く終了する場合
ヒント：例題 3.9 と同じ種類の問題だが，何を最小にするかという部分に指定のあることが異なるので注意しよう．(1) は，例題 3.9 と同様に考えてよい．(2) は，目的関数は各人の仕事の終了時間のなかの最大値を考え，そのなかの最小値を求めることによって最適値を求める．

表 3.32 職員の仕事に要する時間

職員 \ 仕事	I	II	III	IV	V	VI
A	20	15	26	40	32	12
B	15	32	46	26	28	20
C	18	15	2	12	6	14
D	8	24	12	22	22	20
E	12	20	18	10	22	15

第4章 階層化意思決定法

昼食をなににしようか考えているあなた．あっさりした和食もいいし，ボリュームのある中華料理もいい．いずれも捨てがたく，なかなか一つに決められない．このように，「二つ以上の候補から一つを選ばなくてはならないときに，ある基準で選べばこちらだが，ほかの基準で選べばあちらになり，どれを選べばよいか迷う」ということはよくある．

このような問題を解決する OR の手法が，サーティ（Thomas L. Saaty）によって開発された**階層化意思決定法**（analytic hierarchy process：AHP 法）である．階層化意思決定法が適用できる問題としては，たとえば，デートに着て行く洋服選び，会社の資産運用における各投資の割合配分などがある．

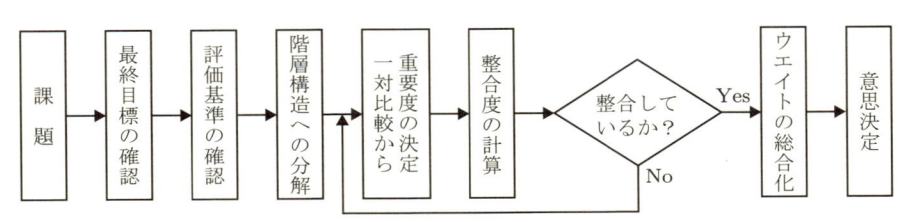

4.1 階層化意思決定法の基礎

階層化意思決定法は，ウエイトという概念を用いて，候補を比較し，一つに絞り込む手法である．手順はつぎのとおりである．

❶ 評価基準を決めて，階層図を作成する．
❷ 各段階の重要度を決め，その平均からウエイトを算出する．
❸ 整合度を求める．
❹ 候補が各レベルでもっているウエイトを総合化し，候補を絞る．

図 4.1 に階層化意思決定法で課題を考えるときの流れを示す．

つぎの例題をもとにして，階層化意思決定法の手順を説明していこう．

図 4.1　階層化意思決定法の流れ

例題 4.1

車を購入したい．候補は，車種 A，B，C である．評価基準を決め，AHP により，購入する車を 1 台に絞り込め．

4.1.1 評価基準を決め，階層図を作成する

AHP 法では，分析を効率的に処理するため，問題を第 1 レベル，第 2 レベル，第 3 レベルの階層構造に分けて考える．第 1 レベルとは**最終目標**のことであり，例題 4.1 でいえば「購入する車の決定」である．第 2 レベルとは**評価基準**のことである．評価基準は，同じ問題であっても場所や時期など状況によって変わることがある．例題 4.1 を考えるにあたっては，「価格，デザイン，燃費」を評価基準とした．第 3 レベルとは**代替案**のことであり，例題 4.1 でいえば，「車種 A，車種 B，車種 C」のことである．

評価基準を決めて，階層構造が明確になったら，問題を視覚的に理解するために，**階層図**を作成する．たとえば，上層が {a,b}，下層が {x,y} であったとき，単純に関係を示すと，図 4.2(a) のようにつながるが，AHP 法では理解しやすいように図(b)のように模式化して描く．例題 4.1 の階層図は図 4.3 のようになる．

（a）比較対象の関係を明示した図　　（b）ルールに従った階層図

図 4.2　階層図

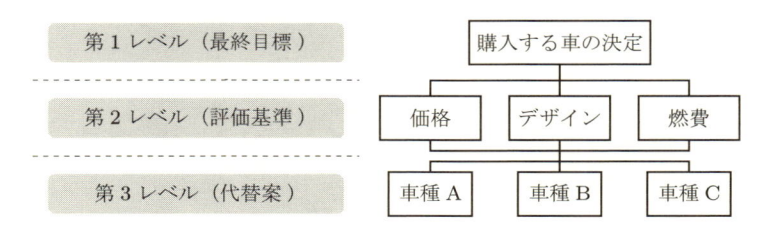

図 4.3　例題 4.1 の階層図

4.1.2 一対比較により重要度を決定し，ウエイトを決定する

比較しやすいように，各レベル内の項目には共通の「単位」があると考え，構成要素がもつ重要性を数値化する．この数値を**重要度**という．共通の単位は，重要度を決

める段階では「評価観点」ということになる．

評価観点が決まれば，二つの事柄を比較する．二つの事柄について重要度を決めることは比較的容易だが，三つ以上の事柄を同時に比較するとなると，これは難しい．たとえば，「差で評価」するのか，「比で評価」するのか．さらには，「何段階で評価」するかなど悩むことは多い．

そこで，AHP 法ではつぎの規則に従ってものごとを比較し，重要度を決める．

(1) （少し幅のある曖昧な）言葉で評価する

いきなり数字で評価しようとすると，数字の意味を考え込んでしまい，低い点数に偏るなどしてうまく評価できない場合がある．そこで，感覚的に評価できるように，まずは言葉で評価する．この場合，たとえば，「同程度重要である」，「若干重要である」など少し幅のある曖昧な言葉で重要性を評価するのがよい．このような曖昧な言葉であれば，比較の対象が何であれ，気楽に評価できる．

(2) 評価した言葉を機械的に数値に置き換える

たとえば，「同じくらい重要＝1」，「重要＝5」，…などと細かい意味は考えず，重要性を機械的に数値を割り振る．この数値化した重要度を**比較値**という．ここで，数値が「どれだけよいか」を判断する場合を考えればわかるとおり，「差」では，そのものの単位を知ったうえで具体的に「×××だけよい」と答えることになるが，「比」であれば，「3倍よい」とか「5倍よい」というような答え方になり，単位を問わずに答えられ，容易である．このように比で測る方法を**比率尺度**という．このため，比較は比で行うのがよい．利用する言葉は，表 4.1 に示すものに限定すれば，何を対象にした比較でも混乱はおこらない．また，比の値は多くの段階を設けず，5段階くらいにしておくのがよいので，少し幅をもたせた「1, 3, 5, 7, 9」を比の値とするとよいだろう．表 4.1 には，一対比較の意味と対応する一対比較値を載せた．なお，比較値 2, 4, 6, 8, … は，たとえば，「3, 5 どちらともいえない」といった場合に 4 を与えるなど，補完的に利用する．

表 4.1 一対比較値の一覧

意　　味	一対比較値
両方の項目が同じくらい重要	1
前の項目のほうが後の項目より**若干重要**	3
前の項目のほうが後の項目より**重要**	5
前の項目のほうが後の項目より**かなり重要**	7
前の項目のほうが後の項目より**絶対的に重要**	9

(3) 一対比較をする

たとえば，自動車の良し悪しを価格と燃費を基準として判断するにあたり，価格と

燃費ではどちらを重視するかという比較がされるように，階層図の上位レベルの項目を評価観点として，下位レベルの項目を比較する．このとき，三つ以上の項目を比較する場合でも，二つずつ取り出して比較する．このような比較を**一対比較**という．これは，比較のしやすさという点では，一対比較にまさるものはないからである．三つ以上のものを比較する場合は，二つずつ一対比較して得た結果を用いて，三つの比較値に直す．一対比較が人間の脳の限界であるとの考えから，これを克服するための方法として考えられたものである．

一対比較で得られた結果は，**一対比較行列**にまとめる．一対比較行列とは，表4.2のような形式で作成する表のことである．表は例題4.1を意識して，行項目を3とし，列項目を3としたが，問題によって行，列の数は変わる．

表4.2 3×3の一対比較行列

比較の基準	1列目の項目	2列目の項目	3列目の項目
1行目の項目	a_{11}	a_{12}	a_{13}
2行目の項目	a_{21}	a_{22}	a_{23}
3行目の項目	a_{31}	a_{32}	a_{33}

ここで，表中のa_{ij}とは，i行目の項目でj列目の項目（$i, j = 1, 2, 3$）の一対比較値（比の値）を表したもので，次式で定義される．

$$a_{ij} = \frac{i\,行目の項目の重要度}{j\,列目の項目の重要度} \tag{4.1}$$

また，i行項目のi列項目には同じ項目が入るので，一対比較値は比であることから，$a_{ji} = 1/a_{ij}$かつ$a_{ii} = 1$となる．

一対比較行列が得られれば，この一対比較値を用いて三つ以上の比較に結び付けることが可能になる．一対比較行列の行ごとに並んでいる数字は，定義式(4.1)により，たとえばa_{32}の値は，3行目の項目が2列目の項目の何倍重要と考えたかを表示したものである．そこで，行に並んだすべての数字の平均値を計算すれば（これを行項目の**一対比較値の平均値**または単に**平均値**という），ここで得られた平均値の大きな項目のほうが小さな項目より重要と判断したことになるから，三つ以上の項目の比較が可能になる．

一対比較するには比較判断するための視点・観点が必要になるが，これは節の冒頭で述べたとおり，「階層図の上位レベルの項目を比較判断の観点として，下位レベルの項目どうしを一対比較する」ということである．例題4.1は，つぎの上下の関係からわかるとおり，合計四つの一対比較行列が作成される．

（上位）　最終目標（第1）　⇒　評価基準（第2）　⇒　代替案（第3）　（下位）

それでは，例題 4.1 の一対比較行列を作成してみよう．

▶ **例題 4.1 の解（一対比較行列）**　評価基準は，「価格，デザイン，燃費」であったから，上位レベルである「購入する車の決定」を評価観点として，何がもっとも重要な「評価基準」になるのかを一対比較で決める．一対比較の結果，「価格」のほうが「デザイン」より重要であり，「燃費」のほうが「価格」より若干重要であり，「燃費」のほうが「デザイン」よりかなり重要であるとすれば，一対比較行列は表 4.3 のようになる．

表 4.3　「購入する車の決定」を評価観点とした一対比較行列

購入する車の決定	価格	デザイン	燃費
価格	1	5	1/3
デザイン	1/5	1	1/7
燃費	3	7	1

表 4.4　「価格」を評価観点とした一対比較行列

価格	車種 A	車種 B	車種 C
車種 A	1	2	3
車種 B	1/2	1	2
車種 C	1/3	1/2	1

つぎに，各評価基準（第2レベル）を評価観点として，代替案（第3レベル）に関する一対比較行列を作成する．まず，「価格」を評価観点とし，「車種 A」，「車種 B」，「車種 C」（代替案）を表 4.4 のように評価したとする．

表 4.4 より，車種 A のほうが車種 B よりほんのわずか手頃な価格であると評価し，車種 A のほうが車種 C よりより手頃な価格であると評価したことが読み取れる[1]．同様にして，「デザイン」，「燃費」を評価観点として A，B，C の三車種を一対比較した結果は，それぞれ表 4.5 と表 4.6 である．

表 4.5　「デザイン」を評価観点とした一対比較行列

デザイン	車種 A	車種 B	車種 C
車種 A	1	1/2	1/3
車種 B	2	1	1/2
車種 C	3	2	1

表 4.6　「燃費」を評価観点とした一対比較行列

燃費	車種 A	車種 B	車種 C
車種 A	1	5	3
車種 B	1/5	1	2
車種 C	1/3	1/2	1

一対比較行列が得られれば，それを用いて三つ以上の比較に結び付けることが可能になる．

この過程で得られた数字が重要度（一対比較値）の平均値である．重要度の平均値

---

[1] 価格の場合，何が良い（手頃）と考えるかについては評価者の考え方による．必ずしも価格が安いことがもっともよいとは限らない．

の求め方についてはいくつかの考え方がある．ここでは簡単でわかりやすい**幾何平均法**を説明する．ただし，これを手計算で実行するのは難しいので，本書ではExcelのワークシートを利用して計算する（付録参照）．

▶ **例題 4.1 の解（ウエイト）** 例題 4.1 では，価格，デザイン，燃費を評価基準に採用したので，この評価基準の重要度の平均値を決める必要がある．この時点でわかっている情報は，一対比較値を 1〜9 およびその逆数で表した値のみである．これをもとにして，価格と燃費とデザインに対する重要度の平均値を求める．

すでに説明したように，評価値は比率である．表 4.3 の一対比較行列の価格の 1 行目に，1，5，1/3 が並んでいるが，同じ項目どうしは当然 1 になる．ここで，「比率尺度で得た値の平均は，幾何平均で求める」ことがわかっているので，これを利用する．つまり，「比で与えられた数字 3 個をすべて掛け，得られた数字の 3 乗根を求める」となる．

例題 4.1 であれば，価格の平均値は $1 \times 1/3 \times 5$ の三乗根になるから，

$$価格の重要度の平均値 = \sqrt[3]{1 \times 1/3 \times 5} = 1.18 \tag{4.2}$$

となる．同様に，燃費とデザインを基準として幾何平均値を求めると，

$$デザインの重要度の平均値 = \sqrt[3]{1/5 \times 1 \times 1/7} = 0.31 \tag{4.3}$$

表 4.7 例題 4.1 の評価観点ごとのウエイト

購入する車の決定	価格	デザイン	燃費	幾何平均	ウエイト
価格	1	5	1/3	1.18	0.28
デザイン	1/5	1	1/7	0.31	0.07
燃費	3	7	1	2.76	0.65

価格	車種A	車種B	車種C	幾何平均	ウエイト
車種A	1	2	3	1.82	0.54
車種B	1/2	1	2	1	0.30
車種C	1/3	1/2	1	0.55	0.16

デザイン	車種A	車種B	車種C	幾何平均	ウエイト
車種A	1	1/2	1/3	0.55	0.16
車種B	2	1	1/2	1	0.30
車種C	3	2	1	1.82	0.54

燃費	車種A	車種B	車種C	幾何平均	ウエイト
車種A	1	5	3	2.47	0.65
車種B	1/5	1	2	0.73	0.20
車種C	1/3	1/2	1	0.55	0.15

$$\text{燃費の重要度の平均値} = \sqrt[3]{3 \times 7 \times 1} = 2.76 \tag{4.4}$$

となる．得られた三つの幾何平均値が各評価基準（行項目）の重要度の平均値になる．ただし，結果は幾何平均値なので値の大小によって順位は付けられるが，比較する場合，どの程度重要と考えたかについてはわかりにくい．そこで，比較しやすくするため，幾何平均値の合計値でそれぞれの値を割り，比較可能な割合に調整する．この値を**ウエイト**という．

例題 4.1 では，価格，デザイン，燃費のウエイトがそれぞれ 0.28, 0.07, 0.65 と求められるので，単純に燃費は価格の約 2 倍のウエイトをもっていると解釈され，デザインは価格の約 1/4 程度のウエイトしかもたないことになる．

つぎに，各評価基準をふまえて代替案（車種 A，車種 B，車種 C）のウエイトを求める．これは，幾何平均法によって求める．得られたウエイトが表 4.7 である．■

なお，電卓でもウエイトが計算可能な方法として，調和平均法がある．これについては 4.2.5 項で説明する．

つぎは，これを用いて整合度を計算し，検討段階に入る．

4.1.3 C.I.（整合度）を求め，一対比較の妥当性を確認する

たとえば，ある事柄に関して一対比較を行った結果,「車種 A のほうが車種 B よりも良い」，「車種 B のほうが車種 C よりも良い」,「車種 C のほうが車種 A よりも良い」と評価したとすれば，これは明らかな矛盾である．この状態を**三すくみの構造**という．これは，**不整合**とよばれる現象の典型的な例である．このようなことが起こる原因は，比較ごとの観点が異なってしまうことなどが挙げられる．上の例であれば少し考えればわかるが，一対比較を実施した結果を見ただけで，不整合があるかどうかは簡単にはわからない．そこで，この不整合を発見するのに使うのが**整合度**である．

AHP 法では，ウエイトが求められると，その値を用いて E という値が計算される．E は，固有値（eigenvalue）とよばれる概念である．この本来の求め方は省略し，ここではその近似値の求め方を C.I. の求め方のなかで述べる[1]．E については，つぎの事実が成り立つことがわかっている．

- **完璧な一対比較**であれば，"$E = $ 項目数" が成り立つ．
- **不整合の度合い**が大きくなるにつれて E の値が大きくなる．

そこで，これをふまえ，一対比較で得た結果の信頼性を保証する尺度として，次式で表される**整合度**（consistency index：C.I.）という指標を使う．

---

[1] 詳しくは参考図書 [12] 参照．

4.1 階層化意思決定法の基礎

$$\text{整合度 (C.I.)} = \frac{E \text{の値} - \text{項目数}}{\text{項目数} - 1} \tag{4.5}$$

上式より，整合性が完全に保たれていれば，整合度は0になる．また，不整合の度合いが大きければ大きいほど整合度が大きくなる．整合度については，経験則として

「**C.I.** の値が **0.1**（または **0.15**）以下であれば**整合している**」

として運用されている．なお，整合していない場合（C.I. が 0.1（または 0.15）より大きい場合）は，一対比較をやり直すことが求められる．詳しい対処法は 4.2.2 項で述べる．

E の近似値はウエイトを利用して求めることが可能なので，それを用いて整合度を求めてみよう．

▶ **例題 4.1 の解（C.I.）** 例題 4.1 の評価項目の重要度に関する C.I. を求める．重要度に関する一対比較行列は表 4.8 のようになる．この結果を利用して，つぎの順序に従って計算すれば，E の近似値が求められる．

❶ 一対比較行列の各数字（縦に並んだ数字）に，列項目のウエイトを掛けた行列を作る．
❷ 行列の横計（横に並んだ数字の合計）を計算する．
❸ 横計を行項目のウエイトで割る．
❹「横計/ウエイトの相加平均値」を求める．

❶～❸の操作を経て得られる結果が表 4.9 である．これより，つぎのように E の値の近似値が求められる[1]．なお，小数は小数点以下第3位の数字を四捨五入して，小数点以下第2位までで表すことにする．計算を電卓などで行う場合，途中で式を「まるめる」（近似値に直して計算する）ことにより，誤差（「まるめ誤差」という）が大きくなる場合があるので注意すること．

$$E \text{の値の近似値} = \frac{3.04 + 3.14 + 3.05}{3} = 3.08 \tag{4.6}$$

これを式(4.5)に代入すれば，つぎのように C.I. が求められる．

表 4.8 例題 4.1 の評価基準の一対比較行列

購入する車の決定	価格 (0.28)	デザイン (0.07)	燃費 (0.65)
価格	1	5	1/3
デザイン	1/5	1	1/7
燃費	3	7	1

---

[1] Excel を利用して計算すると，❸の結果がすべて等しくなることがあるが（とくに，項目数が3の場合），通常は異なる値になる．

表 4.9　例題 4.1 の評価基準の「横計/ウエイトの相加平均値」

購入する車の決定 （ウエイト）	価格 (0.28)	デザイン (0.07)	燃費 (0.65)	横計	横計/ウエイト
価格	0.28	0.35	0.22	0.85	0.85/0.28＝3.04
デザイン	0.06	0.07	0.09	0.22	0.22/0.07＝3.14
燃費	0.84	0.49	0.65	1.98	1.98/0.65＝3.05

$$\text{C.I.} = \frac{3.08 - 3}{3 - 1} = 0.04 \tag{4.7}$$

この値は 0.1 を超えていないので整合していると結論づけることができる．ほかの一対比較の C.I. も同様に計算する．　■

4.1.4　ウエイトの総合化と意思決定をする

整合度が許容範囲内であることがわかれば，ウエイトから候補を絞り込む．例題 4.1 の各車に対する各評価基準のウエイトは求められたので，代替案のなかから一つに絞り込んでみよう．

▶ **例題 4.1 の解（ウエイトの総合化）**　例題 4.1 では，購入する自動車を一つに絞り込みたいという最終目的があり，そのための代替案が「車種 A，車種 B，車種 C」であり，評価項目が「価格，デザイン，燃費」であった．これらのウエイト計算の結果は，表 4.10 のとおりであったとする．

表 4.10　例題 4.1 のウエイト

購入する 車の決定	価格 [0.3]	デザイン [0.1]	燃費 [0.6]
車種 A	0.3	0.2	0.4
車種 B	0.5	0.2	0.4
車種 C	0.2	0.6	0.2

この結果をもとに，車種 A，B，C のウエイトの平均値を計算する．価格，燃費，デザインが等しいウエイトをもつのであれば，単純に価格，燃費，デザインのウエイトの合計を 3 で割ればウエイトの平均値が求められる．ところが，例題 4.1 は評価基準それぞれのウエイトが異なるので，この場合は**ウエイトによる加重平均**になる．この計算方法で車種 A の加重平均値を求めると，つぎのようになる．

$$\text{車種 A の加重平均値} = \boxed{0.3} \times 0.3 + \boxed{0.1} \times 0.2 + \boxed{0.6} \times 0.4 = 0.35 \tag{4.8}$$

車種 B，C も同様に計算すると，つぎのように求められる．

$$\text{車種 B の加重平均値} = \boxed{0.3} \times 0.5 + \boxed{0.1} \times 0.2 + \boxed{0.6} \times 0.4 = 0.41 \quad (4.9)$$

$$\text{車種 C の加重平均値} = \boxed{0.3} \times 0.2 + \boxed{0.1} \times 0.6 + \boxed{0.6} \times 0.2 = 0.24 \quad (4.10)$$

したがって，ウエイトの加重平均値は B ＞ A ＞ C となり，「車種 B を購入するのがもっとも希望にあった選択」となる．∎

▶ 4.2 そのほかの例題

例題 4.1 とは違い，評価基準が 2 層以上になる場合や整合度が基準を満たさない不整合の場合なども実際にはある．ここでは，そういった場合について考えてみる．

4.2.1 評価基準が 2 層以上の場合

仕事でもプライベート（ゲーム）でも使うパソコンを買いたい．仕事用は持ち運べるように軽いものが良い．一方，ゲーム用としては大きくても良いので処理速度の速いものが良い．どちらも両立させようとすると，判断に悩む．このように，用途が複数ある場合，つまり，評価基準が複数ある場合はどのように考えたらよいのだろうか．

この場合，評価基準は 2 層に細分される．1 層目はパソコンの用途による評価基準であり，2 層目はパソコンの機能面による評価基準である．

例題 4.2

> パソコン（PC）の購入を考えている．仕事で事務的な作業に使え，かつゲームなどの娯楽にも使うことができる PC を購入することにした．メモリ，ソフト，拡張機能を評価基準とし，購入候補を A，B の 2 機種の PC とする．AHP 法を用いて 1 台に絞り込め．

▶ **解**　まず，階層構造を明らかにする．

第 1 レベル（最終目標）　：購入する PC の決定
第 2 レベル（評価基準 1）：仕事，娯楽
第 3 レベル（評価基準 2）：メモリ，ソフト，拡張
第 4 レベル（代替案）　　：機種 A，機種 B

この例題のように，評価基準が 2 層ある場合は，第 2 レベルが最初に評価され，第 3 レベルはその後に評価するので，第 2 レベルを<u>上位基準</u>，第 3 レベルを<u>下位基準</u>と

よぶ．

まず，第 2 レベルの一対比較行列を作成する．上位の第 1 レベルである「購入する PC の決定」という評価観点から，第 2 レベルの「仕事」，「娯楽」の一対比較値を求め，ウエイトを計算する．ここでは，仕事で利用する割合の多い場合を想定して，表 4.11 のようになった．つぎに，上位レベルの第 2 レベルである「仕事」，「娯楽」という評価観点から第 3 レベルのメモリ，ソフト，拡張の一対比較値を求め，ウエイトを計算する．各評価項目の一対比較の想定値を表 4.12 にまとめる．

さらに，第 3 レベルを評価観点として第 4 レベルである代替案を比較する．つまり，「メモリ」，「ソフト」，「拡張」の評価観点から機種 A，B の一対比較値を求め，ウエイトを計算する．表 4.13 にその結果を示す．

表 4.11 第 2 レベルのウエイト

購入する PC の決定	仕事用	娯楽用	幾何平均	ウエイト
仕事用	1	3	1.73	0.75
娯楽用	1/3	1	0.58	0.25

表 4.12 第 3 レベルのウエイト

仕事	メモリ	ソフト	拡張	幾何平均	ウエイト
メモリ	1	3	5	2.47	0.64
ソフト	1/3	1	3	1.0	0.26
拡張	1/5	1/3	1	0.41	0.10

娯楽	メモリ	ソフト	拡張	幾何平均	ウエイト
メモリ	1	5	3	2.47	0.64
ソフト	1/5	1	4	0.93	0.24
拡張	1/3	1/4	1	0.44	0.12

表 4.13 第 4 レベルのウエイト

メモリ	機種 A	機種 B	幾何平均	ウエイト
機種 A	1	5	2.2	0.83
機種 B	1/5	1	0.5	0.17

ソフト	機種 A	機種 B	幾何平均	ウエイト
機種 A	1	1/3	0.58	0.25
機種 B	3	1	1.73	0.75

拡張	機種 A	機種 B	幾何平均	ウエイト
機種 A	1	1/4	0.52	0.20
機種 B	4	1	2.0	0.80

4.2 そのほかの例題　59

　以上で機種 A と B の総合評価値を求める準備は整った．これを用いて加重平均をとれば総合評価値は求められる．この例題は評価基準が 2 層に分かれているので，まず，つぎのようにして機種 A の総合評価値を計算する．

機種 A のウエイト＝仕事 { 機種 A のメモリ＋機種 A のソフト＋機種 A の拡張 }
　　　　　　　　　＋娯楽 { 機種 A のメモリ＋機種 A のソフト＋機種 A の拡張 }

ここで，仕事での機種 A のメモリのウエイトとは，

$$(仕事に関するメモリのウエイト) \times (メモリに関する機種 A のウエイト)$$

を意味する．よって，機種 A の総合評価値はつぎのように求められる．

$$\begin{aligned}機種 A の総合評価値 &= 0.75(0.64 \times 0.83 + 0.26 \times 0.25 + 0.10 \times 0.20) \\ &\quad + 0.25(0.64 \times 0.83 + 0.24 \times 0.25 + 0.12 \times 0.20) \\ &= 0.61595\end{aligned}$$

同様にして，機種 B はつぎのようになる．

$$\begin{aligned}機種 B の総合評価値 &= 0.75(0.64 \times 0.17 + 0.26 \times 0.75 + 0.10 \times 0.80) \\ &\quad + 0.25(0.64 \times 0.17 + 0.24 \times 0.75 + 0.12 \times 0.80) \\ &= 0.38405\end{aligned}$$

　$0.61595 > 0.38405$ より，選ぶべき PC は機種 A となる．　■

　評価基準が 3 層以上でも，考え方はまったく同様である．階層構造がかなり入り組んだ複雑な場合であっても，代替案のレベルから一つずつ上のレベルまでステップを戻して考えるようにすれば，どの関係のウエイトが必要になるかを特定できる．

4.2.2 不整合な場合の修正処理

　C.I. を計算した結果が 0.1（または 0.15）より大きな値であれば，不整合のため，一対比較の再検討が必要になる．しかし，一対比較のどこに原因があるのかを特定することは簡単ではない．試行錯誤を繰り返すことによって C.I. が許容範囲に納まればよいが，これには時間はかかる．そのような不整合となった場合に，検討すべき成分を特定する方法がある．手順はつぎのとおりである．

❶ 整合度の悪い一対比較行列を用いて，ウエイト W_i を計算する．
❷ ❶のウエイトを用いて，(i, j) 成分の値を W_i/W_j で求め，これを新たな成分とする行列を作る．

❸ 整合度の悪い行列と❷で得た行列を比較し，差の大きい成分を検討すべき成分の候補とする．

この方法で，つぎの例題を処理してみよう．

例題 4.3

表 4.14 は一対比較行列が不整合な場合である．どの成分が検討すべき成分なのか調べ，整合する一対比較行列に修正せよ．

表 4.14　一対比較行列

	項目 1	項目 2	項目 3
項目 1	1	4	7
項目 2	1/4	1	9
項目 3	1/7	1/9	1

▶**解**　まず，実際に C.I. を求めてみよう．ウエイトは表 4.15 のように求められる．E の値は 3.31 になるので，式 (4.5) から C.I. はつぎのようになる．

$$\text{C.I.} = \frac{3.31 - 3}{3 - 1} = 0.153 > 0.15$$

よって，確かに不整合である．それでは，どの成分が不整合の要因か特定しよう．

表 4.15　ウエイト

	項目 1	項目 2	項目 3	幾何平均	ウエイト
項目 1	1	4	7	3.04	0.66
項目 2	1/4	1	9	1.31	0.28
項目 3	1/7	1/9	1	0.25	0.05

表 4.16　横計/ウエイトの相加平均値

	項目 1	項目 2	項目 3	横計	横計/ウエイト
項目 1	0.66	1.14	0.38	2.18	3.31
項目 2	0.17	0.28	0.49	0.94	3.31
項目 3	0.25	0.03	0.05	0.18	3.31

(i, j) 成分を W_i/W_j とした一対比較行列は，表 4.17 になる．「元の行列 − 表 4.17 の行列」は表 4.18 になる．

差の大きな $(1, 3)$ 成分と $(2, 3)$ 成分が検討すべき一対比較成分であることがわかる．これをふまえ，表 4.15 を表 4.19 のように変更した．すると，C.I. は 0.13 になり，0.15 を基準にすれば整合することがわかる．実際は，この作業を何回か繰り返すことによって初めて満足のいく一対比較行列が得られる[1]．

---

1) C.I. が 0.1 を超える場合を不整合と判断するならば，たとえば $(2, 3)$ 成分を 5 に変更すれば，C.I. =0.08 になり，確実に整合することになる．

表 4.17 手順❷によって得られる一対比較行列

	項目 1	項目 2	項目 3
項目 1	1	2.32	12.1
項目 2	0.43	1	5.21
項目 3	0.08	0.19	1

表 4.18 （表 4.15 の一対比較行列）−（表 4.17 の一対比較行列）

	項目 1	項目 2	項目 3
項目 1	0	1.68	−5.1
項目 2	−0.2	0	3.8
項目 3	0.06	−0.08	0

表 4.19 調整後の一対比較行列

	項目 1	項目 2	項目 3
項目 1	1	4	6
項目 2	1/4	1	7
項目 3	1/6	1/7	1

4.2.3　代替案が多い場合

　一対比較によって評価する方法（**相対評価法**）には優れた面がある反面，いくつかの弱点がある．たとえば，代替案の数が多くなった場合は，一対比較を行う回数が膨大になり，処理がきわめて困難になる[1]．このことは AHP 法が考案された当時からわかっており，その克服法として**絶対評価法**（absolute measurement approach）が提案された．絶対評価法はつぎのように処理する．

❶ 評価基準の数は多くないので，評価基準間の一対比較を行う．

❷ 各評価基準に関して，**絶対評価水準**（レベル）を設定する．たとえば実用性という評価基準を設けたとき，「きわめてある，ある，少しはある，あまりない」などと決める．この分け方の数はすべての評価項目について統一する必要はなく，実用性は 4 レベル，ほかの基準は 2 レベルでもよい．

❸ 各評価項目に関して，評価水準どうしの一対比較を実施し，レベルに数字を対応させる．これは，水準の言葉で表現されたことを数字に直す作業に相当する．

❹ 代替案どうしを，評価水準で絶対評価をする．評価の仕方としては，まず言葉で評価し，これを水準ごとの重要度に置き換える．

❺ 評価項目ごとのウエイトのなかで最大値を特定し，その値で項目内のすべての値を割る．

❻ 各評価項目ごとのウエイトを掛けて得られた値を代替案のウエイトとする．

　絶対評価法では，代替案の評価にあたって，評価の基準（評価水準）を決め，それを用いて絶対的な評価をする．この方法は，AHP 法の本質にかかわる一対比較を避けているので，AHP 法の良さを生かしていないが，代替案が多い場合の処理方法として

---

[1] 開発者であるサーティは，9 個くらいの代替案が一対比較の限界であり，多い場合は C.I. の値が大きくなりがちであると言及している．

例題 4.4

ゼミに在籍する 10 人の学生の成績を評価しなければならない．試験が実施できないので，普段の学生の活動をもとに評価することにしたが，直観で評価することは避け，AHP 法を利用して評価する．ただし，人数が多いので，ここでは絶対評価法に従うことにした．そのため，つぎのことを評価基準としてそれぞれの水準（レベル）を定めた．
1) 専門の知識の定着状況（十分，普通，不十分）
2) ゼミのときの準備・発表の状況（完璧，良い，普通，不十分，不可）
3) レポートの内容の出来（良い，悪い）

▶**解** 評価基準間の一対比較は表 4.20 になる．これから，評価基準（知識，ゼミ，レポート）のウエイトは (0.12, 0.65, 0.23) となる．

表 4.20 評価基準のウエイト

成績	知識	ゼミ	レポート	幾何平均	ウエイト
知識	1	1/5	1/2	0.46	0.12
ゼミ	5	1	3	2.47	0.65
レポート	2	1/3	1	0.87	0.23

以上から，ゼミの評価がもっとも重要で，以下レポート，知識と続く．念のため，整合度を調べておく．

表 4.21 から，横計/ウエイトの平均は $(3.08 + 2.98 + 2.99)/3 = 3.017\cdots$ となる．よって，E の値の近似値は 3.017 となり，

$$\text{C.I.} = \frac{3.017 - 3}{3 - 1} = 0.0085 < 0.15$$

となるので，十分に整合していることがわかる．

各評価基準に関して絶対評価水準（レベル）が設定されているので，各評価項目に関して評価水準どうしの一対比較を行う．C.I. の値も同時に載せるが，計算の過程は

表 4.21 評価基準の「横計/ウエイトの相加平均値」

成績	知識	ゼミ	レポート	横計	横計/ウエイト
知識 (0.12)	0.12	0.13	0.12	0.37	3.08
ゼミ (0.65)	0.60	0.65	0.69	1.94	2.98
レポート (0.23)	0.24	0.22	0.23	0.69	2.99

省略する．

知識に関しての評価水準「十分，普通，不十分」を一対比較すると，表 4.22 から C.I. は $\frac{3.06 - 3}{3 - 1} = 0.03$ となり，十分整合している．ゼミに関しての評価水準「完璧，良い，普通，不十分，不可」を一対比較すると，表 4.23 から C.I. は $\frac{5.28 - 5}{5 - 1} = 0.07$ となり，十分整合している．レポートに関しての評価水準「良い，悪い」を一対比較すると，表 4.24 が得られる．

表 4.22 「知識」のウエイト

知識	十分	普通	不十分	幾何平均	ウエイト
十分	1	5	7	3.27	0.73
普通	1/5	1	3	0.84	0.19
不十分	1/7	1/3	1	0.36	0.08

表 4.23 「ゼミ」のウエイト

ゼミ	完璧	良い	普通	不十分	不可	幾何平均	ウエイト
完璧	1	3	5	7	9	3.94	0.51
良い	1/3	1	3	5	7	2.04	0.26
普通	1/5	1/3	1	3	5	1.00	0.13
不十分	1/7	1/5	1/3	1	3	0.49	0.06
不可	1/9	1/7	1/5	1/3	1	0.25	0.04

表 4.24 「レポート」のウエイト

レポート	良い	悪い	幾何平均	ウエイト
良い	1	5	2.24	0.83
悪い	1/5	1	0.45	0.17

各評価水準のウエイトは各一対比較行列の最右列のとおりである．

代替案（学生）どうしの評価については，絶対評価水準で評価することになる．評価の仕方としては，まず言葉で評価し，これを水準ごとのウエイトで置き換える．これを実行すると表 4.25 を得る．これを絶対評価すれば，表 4.26 を得る．

評価項目ごとの絶対評価値のなかの最大値を特定し，その値で項目内のすべての値を割る．具体的には，知識の値は 0.73，ゼミの値は 0.51，レポートの値は 0.83 で割ることになる．

各評価項目ごとの絶対評価値を掛けて得られた数字が代替案の絶対評価値になるが，合計が 1 にならないので，これを調整して（正規化という）最右列の数字が得られる（表 4.27）．

表 4.25 代替案（学生）の評価

評価	知識	ゼミ	レポート
秋田	十分	良い	悪い
石井	普通	普通	良い
岸田	普通	良い	良い
木下	不十分	普通	悪い
田辺	普通	普通	良い
津田	普通	普通	良い
林田	十分	良い	悪い
薬丸	普通	不十分	良い
山本	不十分	不可	悪い
和田	十分	完璧	良い

表 4.26 代替案（学生）の絶対評価値

評価	知識	ゼミ	レポート
秋田	**0.73**	0.26	0.17
石井	0.19	0.13	**0.83**
岸田	0.19	0.26	0.83
木下	0.08	0.13	0.17
田辺	0.19	0.13	0.83
津田	0.19	0.13	0.83
林田	0.73	0.26	0.17
薬丸	0.19	0.06	0.83
山本	0.08	0.03	0.17
和田	0.73	**0.51**	0.83

表 4.27 代替案の正規化されたウエイト

評価	知識	ゼミ	レポート	合計	ウエイト
秋田	1	0.51	0.20	1.71	0.11
石井	0.26	0.25	1	1.51	0.10
岸田	0.26	0.50	1	1.76	0.12
木下	0.10	0.25	0.20	0.55	0.04
田辺	0.26	0.25	1	1.51	0.10
津田	0.26	0.25	1	1.51	0.10
村田	1	0.51	0.20	1.71	0.11
薬丸	0.26	0.11	1	1.37	0.09
山本	0.10	0.06	0.20	0.36	0.02
和田	1	1	1	3.0	0.22

よって，優秀な学生から並べると，つぎのようになる．

和田 > 岸田 > 秋田 ＝ 村田 > 石井 > 田辺 ＝ 津田 > 薬丸 > 木下 > 山本 ■

　代替案が多い場合のほかに，**評価基準が多い場合**も一対比較の作業が多く煩雑になる．そこで，その場合は評価項目の数を絞り込む．たとえば，新築住宅の評価基準として，価格，通勤の便，資産価値，レジャー施設の状況，商店街などの買い物の便利さ，公園緑地，保育園・小学校などの教育環境，住環境，近隣都市とのアクセスなどが考えられる場合，このすべてを対象として AHP 法を適用するのは困難である．そこで，評価項目間の一対比較をして得られたウエイトを比較し，ウエイトの低い項目から切り捨てる．

　AHP 法では，前提条件として「各評価基準間には独立性がある」としているが，これが崩れていては評価も妥当性がなくなる．どの程度各評価基準が独立しているのか

を測ることは可能で，その方法として内部従属法[1]などが知られているが，本書では省略する．

4.2.4 階層化意思決定法を集団の合意形成に利用する場合

新商品開発を検討する場合や，新入社員の内定を決定する場合など，集団で意思決定をする場合がある．このような場面でAHP法を利用するには，評価基準のウエイト計算とか，一対比較行列の比較値の決定とか困ることは多い．ここでは，一人ひとりの一対比較の結果を持ち寄り，集団としての意思決定をする方法について説明しよう．

一対比較値は比率尺度によって決定され，比率尺度で得られた数字を平均化するには幾何平均を利用するのが合理的であることはすでに述べた．これをふまえ，幾何平均を利用して集団の意思を集約してみよう．

例題 4.5

課で新しい係を設置するにあたり，係長を決めることになった．係長候補は5人である．評価基準は，新しい係の仕事であることを考慮し，リーダーとしての適性（人間性），交渉術，係の仕事に対する熟知度とする．どのような素質をもつ者が適任なのかAHP法によって絞り込みたい．部長A，Bの意見から得た表4.28の評価基準の重要度をもとに評価項目のウエイトを求め，整合度を調べよ．

表 4.28 各部長の考えた評価基準間の一対比較行列

(a) A 部長

係長	適性	交渉術	適性
適性	1	3	5
交渉術	1/3	1	7
適性	1/5	1/7	1

(b) B 部長

係長	人間性	交渉術	適性
人間性	1	2	4
交渉術	1/2	1	6
適性	1/4	1/6	1

▶**解** まず，2人の部長の考えを幾何平均で平均化すると，表4.29となり，これをもとにしてEの値（固有値の近似値）を求めるための表4.30が得られ，表の値から4.1.3項で述べた方法でEの近似値を求めるとつぎのようになる．

$$E \text{の値の近似値} = \frac{3.22 + 3.31 + 3.02}{3} = 3.18 \quad (4.11)$$

よって，C.I. は式(4.5)に式(4.11)の値を用いてつぎのようになるので，整合していることがわかる．

---
[1] たとえば，参考図書 [6] 参照．

表 4.29 2人の部長の考えを合わせて求めたウエイト

係長	人間性	交渉術	適性	幾何平均	ウエイト
人間性	1	2.4	4.5	2.21	0.56
交渉術	0.4	1	6.5	1.38	0.35
適性	0.2	0.2	1	0.34	0.09

表 4.30 評価基準の「幾何平均/ウエイトの相加平均値」

係長	人間性	交渉術	適性	横計	横計/ウエイト
人間性	0.56	0.84	0.41	1.81	3.22
交渉術	0.22	0.35	0.59	1.16	3.31
適性	0.11	0.07	0.09	0.27	3.02

$$\text{C.I.} = \frac{3.18 - 3}{3 - 1} = 0.09 < 0.15$$

代替案どうしの一対比較なども同様に行えばよい. ■

集団の場合の一対比較については，ここで述べた以外の方法もいくつか提案されている[1]．

集団のAHP法において，3人の一対比較行列の結果を一つにまとめる方法は，4.1.2項（3）で説明したとおり，一対比較値は比率尺度であるから，その平均は幾何平均で求めることになるが，これに算術平均を利用すると，その値を一対比較行列に反映させることができない．

4.2.5 電卓で処理する場合

電卓でもある程度の処理が可能な方法がある．それは，ウエイト計算に調和平均を用いる方法で，**調和平均法**という．ここで，$a_1, a_2, \ldots, a_n$ の調和平均とは，

$$\frac{n}{\frac{1}{a_1} + \frac{1}{a_2} + \ldots + \frac{1}{a_n}} \tag{4.12}$$

で定義される平均値のことである．たとえば，$a = 1$, $b = 2$ の調和平均は，式(4.12)より $2/(1/1 + 1/2) = 1.33$ である．これをそれ以外の平均値と比べると，

$$相加平均 = \frac{1+2}{2} = 1.5, \quad 相乗平均 = \sqrt{1 \times 2} = 1.41$$

であるから，この場合であれば，調和 ≦ 相乗 ≦ 相加の関係が認めれる．実は，この大小関係は一般的に成り立つ関係式でもあることがわかっている．つまり，次式が成

---

[1] たとえば，参考図書 [6] が参考になる．

り立つ．

$$\frac{n}{\frac{1}{a_1}+\cdots+\frac{1}{a_n}} \leq \sqrt[n]{a_1 \times a_2 \times \cdots \times a_n} \leq \frac{a_1+\cdots+a_n}{n} \tag{4.13}$$

例題 4.1 で述べた例をこの方法で処理してみよう．

例題 4.6

車を購入したい．候補は，車種 A，B，C である．価格，デザイン，燃費を評価基準とする．調和平均を用いた AHP 法によって，購入する車を 1 台に絞り込め．ただし，一対比較行列に関しては例題 4.1 と同じものを利用すること．

▶ **解** 本問は，例題 4.1 と同じ事例であるから，ここでの結果と例題 4.1 の結果とを比較し，同じような結果が得られることを確認しよう．なお，従来の方法との相違点は，ウエイトの求め方のみであるから，評価基準のウエイトを調和平均法で求める段階まで説明するだけとする．評価基準間の一対比較行列は表 4.31 である．

表 4.31　一対比較行列

購入する車の決定	価格	燃費	デザイン
価格	1	1/3	5
燃費	3	1	7
デザイン	1/5	1/7	1

これを従来の方法で処理した結果が表 4.32 である．表の幾何平均の欄を，調和平均に直せばよいので，結局は表 4.33 のようになる．結果からわかるように，ほぼ同じようなウエイトである．これから C.I. などを計算してもほぼ変わらない結果を得る．

この方法は，計算がきわめて楽になり，電卓あるいは手計算でも十分対応可能である．

表 4.32　ウエイト

新車の購入	価格	燃費	デザイン	幾何平均	ウエイト
価格	1	1/3	5	1.17	0.28
燃費	3	1	7	2.76	0.65
デザイン	1/5	1/7	1	0.31	0.07

表 4.33　調和平均法を使った場合のウエイト

購入する車の決定	価格	燃費	デザイン	調和平均	ウエイト
価格	1	1/3	5	0.71	0.24
燃費	3	1	7	2.03	0.68
デザイン	1/5	1/7	1	0.23	0.08

ところで，このような方法を提案したのは，AHP 法のウエイト計算は幾何平均で計算するのが AHP 法に沿った計算方法だが，Excel で計算すれば簡単な幾何平均も，電卓で計算するとなると，困ったことになる．できれば，電卓や手計算で処理したい．そのような要求に応える意味で，調和平均法を取り上げた．この方法は四則計算で処理可能なので，調和平均法で処理することの意義は十分にある．

しかし，調和平均法を利用したウエイト計算は，近似計算の結果であることは覚えておいてほしい．正確な値を求めたいのであれば，やはり幾何平均法であると理解しておきたい．

▶▶▶ 演習問題

4.1 候補地 A, B, C 町から下宿先を選びたい．評価基準は，家賃，距離，環境である．これをもとにして実際に候補の下宿先を見て回った結果の一対比較行列は表 4.34 のとおりであった．一つに絞り込め．

表 4.34　一対比較行列

(a)「下宿先の決定」を評価観点とした一対比較行列

下宿先の決定	家賃	距離	環境
家賃	1	3	5
距離	1/3	1	7
環境	1/5	1/7	1

(b)「家賃」を評価観点とした一対比較行列

家賃	A 町	B 町	C 町
A 町	1	3	2
B 町	1/3	1	3
C 町	1/2	1/3	1

(c)「距離」を評価観点とした一対比較行列

距離	A 町	B 町	C 町
A 町	1	1/5	1/2
B 町	5	1	3
C 町	2	1/3	1

(d)「環境」を評価観点とした一対比較行列

環境	A 町	B 町	C 町
A 町	1	1/3	2
B 町	3	1	4
C 町	1/2	1/4	1

4.2 エアコンを購入する．A, B, C の 3 社のエアコンのなかから 1 台に決めたい．性能，価格，型式を評価基準とし，ウエイトは幾何平均法で求め，1 台に絞り込め．ただし，評価基準の一対比較行列，代替案の一対比較行列は，表 4.35 のように与えられたものとする．なお，整合度（C.I.）の値まで計算し，もし不整合ならば整合するように修正せよ．

表 4.35 一対比較行列

(a)「購入するエアコンの決定」を評価観点とした一対比較行列

購入するエアコンの決定	性能	価格	型式
性能	1	7	5
価格	1/7	1	3
型式	1/5	1/3	1

(b)「性能」を評価観点とした一対比較行列

性能	A社	B社	C社
A社	1	3	5
B社	1/3	1	7
C社	1/5	1/7	1

(c)「価格」を評価観点とした一対比較行列

価格	A社	B社	C社
A社	1	3	4
B社	1/3	1	4
C社	1/4	1/4	1

(d)「型式」を評価観点とした一対比較行列

型式	A社	B社	C社
A社	1	5	2
B社	1/5	1	3
C社	1/2	1/3	1

4.3 資料をもとに就職先を3社まで絞り込んだ．その志望順位をAHP法でつけることにした．評価基準は，資本金，福利厚生，給料とし，その重要度の一対比較行列と，3社を代替案として，各評価基準をもとにして一対比較行列を求めた結果は表4.36のようになった．順位を付けよ．また，整合度についても調べよ．

表 4.36 一対比較行列

(a)「就職先の決定」を評価観点とした一対比較行列

就職先の決定	資本	厚生	給料
資本	1	4	2
厚生	1/4	1	1/5
給料	1/2	5	1

(b)「資本」を評価観点とした一対比較行列

資本	A社	B社	C社
A社	1	1/2	4
B社	2	1	5
C社	1/4	1/5	1

(c)「厚生」を評価観点とした一対比較行列

厚生	A社	B社	C社
A社	1	2	1/2
B社	1/2	1	1/3
C社	2	3	1

(d)「給料」を評価観点とした一対比較行列

給料	A社	B社	C社
A社	1	2	3
B社	1/2	1	4
C社	1/3	1/4	1

第5章 ファジィOR

適用する手法が決まり，必要なデータを決めることになって困る場合がある．たとえば，第2章のPERT法の処理で，5分かかるとした作業の所要時間が，実際はスムーズにいけば3分だろうし，何かトラブルがあれば10分かかることもあるだろうし…，と曖昧な場合である．その原因が偶然に左右されるようなことであれば，これを解決する手段は確率の考え方を導入することになるが，この場合は主観を伴う判断なので，結局，「だいたい5分ぐらいかな…」という曖昧な判断になってしまう．

このような**曖昧**（ファジィネス）な状況を定量的に評価するのが1965年にザデー（L.H. Zadeh）によって提案された**ファジィ理論**である．これをORに導入すれば，曖昧さも考慮したうえで，合理的な判断が可能になる．このような考えから生まれたのが，**ファジィOR**（fuzzy OR：f-OR）である．

▶ 5.1 ファジィORの基礎

ORの手法を適用するにあたって，値などを決めることに不安を感じ，あれこれと悩むことがある．このような場合，不安な部分にファジィ理論を適用すれば，合理的な意思決定ができる．

ファジィ理論の取り込み方はORの手法ごとに異なるので，まずは，ファジィORの基礎を説明し，そのうえで，PERT法，LP法，AHP法の順にファジィ理論を取り込んだ手法を紹介する[1]．図5.1にファジィORを適用するかどうかの判断の基準を示す．

ファジィORの基礎を述べるためには，ファジィ集合の知識が必要である．そのために，まず通常の集合の基礎を必要な範囲で確認しておこう．

集合とは，「ものの集まり」を表すものである．たとえば，「1桁の自然数」の集合をAとおくと，Aは，1, 2, 3, 4, 5, 6, 7, 8, 9という数の集まりを表すので，

---

[1] ファジィORは，ORのすべての手法について開発されている．本書では，すでに紹介した三つの手法について説明する．

5.1 ファジィORの基礎

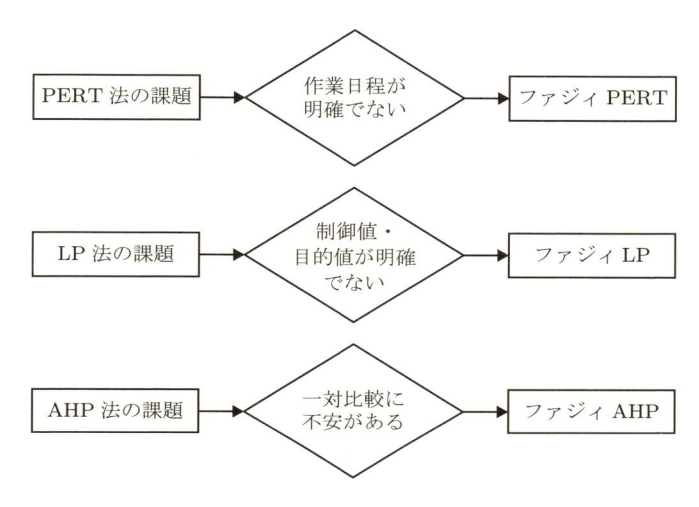

図 5.1 ファジィOR を適用するかを判断する基準

$$A = \{1, 2, 3, 4, 5, 6, 7, 8, 9\} \tag{5.1}$$

あるいは，

$$A = \{x \mid x \text{ は 1 桁の自然数}\} \tag{5.2}$$

と表す．

私たちの身近な例でも，集団内で身長が 170 cm から 190 cm までの人の集まりといえば，その集合を表すことは可能である．

式 (5.1)，(5.2) で表される集合 A を構成する中身のことを，**要素**といい，要素 2 は集合 A に入っている（属している）ので，$2 \in A$ と表す．0 は A に属していないので，$0 \notin A$ と表す．集合 B が A に含まれるとき，B は A の**部分集合**といい，$\boldsymbol{B \subset A}$ で表す．また，考える集合の範囲を定めるもっとも大きい集合を**全体集合**という．

集合を数学的に扱う場合，集合を式で表現することが必要になる．そこで考えられたのが，x が集合 A に属すか属さないかを判定する関数である．それが，つぎの関数 $\boldsymbol{C_A(x)}$ である．

$$C_A(x) = \begin{cases} 1 & (x \in A) \\ 0 & (x \notin A) \end{cases} \tag{5.3}$$

これを A の**特性関数**（characteristic function）という．

5.1.1 ファジィ集合

「××駅の北口改札近くの△△ラーメン屋の前で,午後6時に会おう」と約束すれば,相手が誰であれ意思は確実に伝わるが,「仕事が終わったら美味しいラーメン屋の前で会おう」といった約束では,気心の知れた仲間どうしは別として,話の内容が漠然としていて意思は伝わらない.理由は,「仕事が終わったら」とか「美味しいラーメン屋」などの曖昧な言葉に原因がある.このように,私たちが日常的に利用している言葉であっても,すべての人に対しては使えないような言葉がある.あるいは,さきほど挙げた170 cmから190 cmの人といえば該当者は定められるが,「ある集団内で,背の高い人の集合」といった場合,「背が高い」とは何cmなのか不確か(曖昧)であり,該当者を特定することができない.しかし,たとえば,「とても大きな」とか「ごく少ない」などは,曖昧な言葉でありながら,その言葉でしか実態を表現できないようなこともあるから,すべて排除してしまうことはできない.

ORで曖昧なことばを利用するとなると,曖昧性を定量的に扱うことが必要になる.そのために利用されるのが,**ファジィ集合**(fuzzy set)である[1].なお,数学的に扱う曖昧性には,大きく二つの種類がある.一つは「美味しい」などの境界のぼやけた曖昧さであり,もう一つは「5時頃」などのように,人によってさまざまな値が考えられ特定できないという曖昧さである.ファジィ理論では,二つの曖昧性を区別するが[2],本書では,両方とも「ファジィ集合」とよび,区別しないことにする.それでは,ファジィ集合の基本を簡単に説明しておこう.なお,通常の数,集合と,ファジィ数,ファジィ集合を区別する必要はないが,どちらかわかりやすいように,本書ではファジィ数,ファジィ集合の記号や変数には「~」をつけることにする.

ファジィ集合$\tilde{A}$とは,Uを全体集合とするとき,$x \in U$という要素がファジィ集合$\tilde{A}$に属する度合いを0以上で1以下の値で表す関数によって定義される.この値を**帰属度**(degree of fuzziness)といい,0であれば$\tilde{A}$にまったく属さず,1であれば$\tilde{A}$に確実に属すことを意味する.また,帰属度は帰属度関数$\mu_{\tilde{A}}(x)$で表し,たとえば$x(\in U)$の$\tilde{A}$への帰属度が0.5のとき,$\mu_{\tilde{A}}(x) = 0.5$と表し,これは,$\tilde{A}$に入るか入らないかは半々の判断しかできないことを意味する.定義からわかるように,帰属度関数は通常の集合の特性関数を拡張した概念である.実際,特性関数では,集合に属すか属さないかのいずれかであるから,式(5.3)のように1と0の値しかとらない帰属度関数と解釈できる.イメージとしては,Uという集合の上に浮かんだ雲のような「集合もどき」な概念であると理解するとよい.

---

[1] 曖昧を英語ではファジィネス(fuzziness)という.fuzzinessの本来の意味は「うぶ毛,羽毛」で,そこから羽毛のように境界がはっきりしないという意味で利用する.

[2] 正確な定義は参考図書 [11] 参照.

5.1 ファジィ OR の基礎

ファジィ集合を，OR では，「だいたい 5 分以上にはしたい」とか「ほぼ 5 分以下におさえたい」あるいは「約 5 分ぐらいにしたい」という曖昧な言葉を定量的に取り扱う際に利用するのが普通である．「5 分ぐらい」という言葉は，数に対する曖昧な言葉であるが，このような言葉は，ファジィ理論では，**ファジィ数**（fuzzy number）とよばれるファジィ集合である．これはファジィ OR では重要な道具になるので，少していねいに説明しておこう．

ファジィ数とは，つぎの特徴をもつファジィ集合のことである[1]．
- ファジィな条件を満たす数の集合である．
- 集合の帰属度をグラフに表すと山形になる．
- 帰属度の最大値は 1 である．

例として，「5 ぐらいの数」を取り上げてみよう．とり得る値は 2〜8 の整数であるとし，それぞれの帰属度は表 5.1 のように与えられるものとする．この「5 ぐらいの数」というファジィ集合を $\tilde{5}$ とおくと，$\tilde{5}$ は三つの特徴を満たすので，ファジィ数である．ここで，便利のため，2 の帰属度が 0.2 であることを，0.2/2 で表し，あるファジィ集合 $\tilde{B}$ が 0.2/2 と 0.5/3 からなることを $\tilde{B} = 0.2/2 \vee 0.5/3$ で表すことにすると，$\tilde{5}$ はつぎのように表される．

$$\tilde{5} = 0.2/2 \vee 0.5/3 \vee 0.8/4 \vee 1.0/5 \vee 0.8/6 \vee 0.5/7 \vee 0.2/8$$

なお，U の部分集合 $\{2, 3, 4, 5, 6, 7, 8\}$ をファジィ集合 $\tilde{5}$ の**台集合**（support set）といい，$\text{supp}(\tilde{5})$ で表す．$\tilde{5}$ を見やすくするために帰属度でグラフ化したものが図 5.2 で

表 5.1 5 ぐらいの数の帰属度一覧

$\text{supp}(\tilde{5})$	2	3	4	5	6	7	8
帰属度 $\mu_{\tilde{5}}$	0.2	0.5	0.8	1.0	0.8	0.5	0.2

図 5.2 5 ぐらいの数

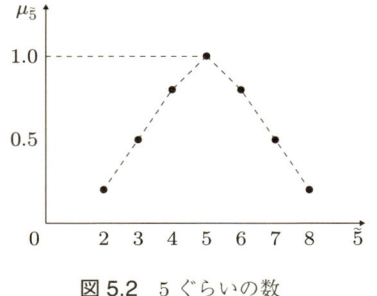

[1] 正確な定義と詳しい説明は，参考図書 [11] 参照．

ある.台集合が「とびとびの値(整数など)」である場合は**離散型**といい,「切れ目のない値(実数など)」の場合を**連続型**という.

実際は,たとえば,図 5.3 のように階段状の「区分的に連続[1)]」な場合に,実際の値を「四捨五入」して得られた結果が $\tilde{5}$ の台であると考えたものがあるし,図 5.4 のように帰属度関数 $\mu_{\tilde{5}}(x) = e^{-b(x-5)^2}$, $b \geq 1$ で表されるような連続型の場合,つまり,「5 に近い値(近似値)」すべてを考慮しているが,代表的な値として $\tilde{5}$ の台を考えたものもある.このため,同じファジィ集合であっても,それが表現している現象が同じとは限らないことに注意する必要がある.

OR でよく使われる連続型としては,図 5.5 のように,帰属度関数のグラフが(a)**台形**,(b)**三角形**,(c)**釣鐘型**の場合がある.

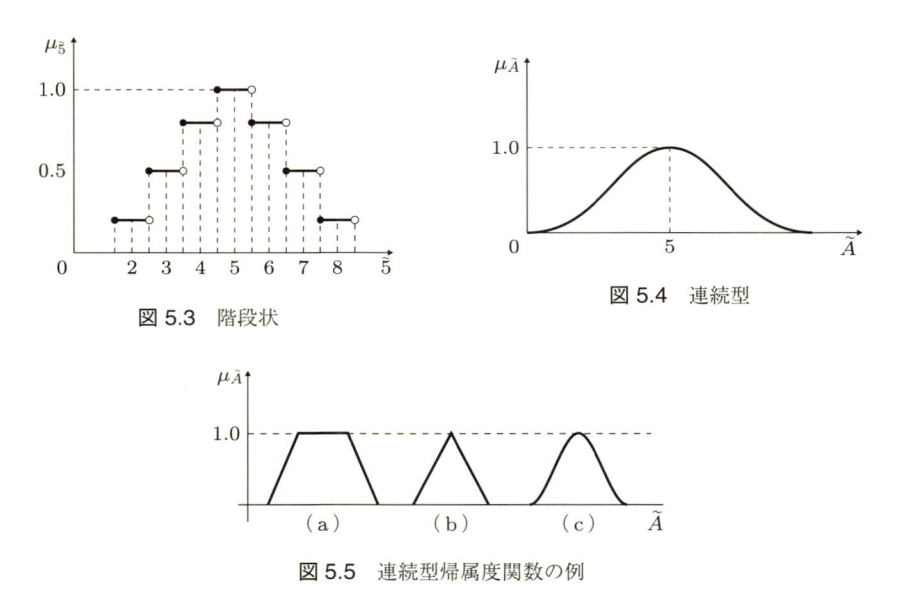

図 5.3 階段状

図 5.4 連続型

図 5.5 連続型帰属度関数の例

5.1.2 離散型ファジィ数の四則演算

ファジィ数の四則演算を説明しよう.離散の場合と連続の場合で基本的な計算の原理は同じだが,これを統一的に説明するのは難しいので,分けて説明する.

ファジィ数も通常の数と同様に,足す(+),引く(−),掛ける(×),割る(÷)といった四則演算が可能である.通常の四則演算とは計算方法が少し異なるので,それぞれを $\oplus$, $\ominus$, $\otimes$, $\oslash$ で表すことにする.

---

1) 「区分的に連続」とは部分的に繋がっている,すなわち,繋がっていない箇所がいくつかあるようなグラフのことである.

5.1 ファジィ OR の基礎

離散型の場合に多用される重要なルールが二つある．一つは，x, y を台集合の要素とし，α, β を帰属度とするときのつぎの式である．

ルール 1：台の要素に関する計算

$$\alpha/x \oplus \beta/y = \min\{\alpha,\beta\}/(x+y)$$

もう一つは，ルール 1 に従って計算した結果から定められたつぎの式である．

ルール 2：同じ台の値をもつファジィ数のまとめ方

$$\alpha/x \vee \beta/x = \max\{\alpha,\beta\}/x \quad (= \vee\{\alpha,\beta\}/x)$$

ルール 1 は $\oplus$ の場合で述べたが，ほかの演算の台の要素に関する計算もつぎのように

$$\alpha/x \ominus \beta/y = \min\{\alpha,\beta\}/(x-y)$$
$$\alpha/x \otimes \beta/y = \min\{\alpha,\beta\}/(x \times y)$$
$$\alpha/x \oslash \beta/y = \min\{\alpha,\beta\}/(x \div y)$$

と計算できる．これらのルールは，**拡張原理**と名付けられるファジィ理論の統一的な原理を利用している[1]．

計算してみよう．ここでは，「6 ぐらい」と「3 ぐらい」というファジィ数で説明する．

$$\tilde{6} = 0.7/5 \vee 1.0/6 \vee 0.7/7$$
$$\tilde{3} = 0.5/2 \vee 1.0/3 \vee 0.5/4$$

であるとすると，ファジィ集合 $\tilde{6}, \tilde{3}$ の和は $\tilde{6} \oplus \tilde{3} = \tilde{9}$ として，計算はつぎのようになる．

$$\tilde{9} = (0.7/5 \vee 1.0/6 \vee 0.7/7) \oplus (0.5/2 \vee 1.0/3 \vee 0.5/4)$$

ここで，記号 $\vee$ のルールとして，

$$(\tilde{A} \vee \tilde{B}) \oplus (\tilde{C} \vee \tilde{D}) = (\tilde{A} \oplus \tilde{C}) \vee (\tilde{A} \oplus \tilde{D}) \vee (\tilde{B} \oplus \tilde{C}) \vee (\tilde{B} \oplus \tilde{D})$$

と計算するので，たとえば，$\tilde{6}$ の $0.7/5$ と $\tilde{3}$ の $0.5/2$ を加えた場合は，ルール 1 によってつぎのようになる．

$$\min\{0.7, 0.5\}/(5+2) = \min\{0.7, 0.5\}/7$$
$$= 0.5/7$$

---

[1] 拡張原理については，参考図書 [11] 参照．

ほかの要素どうしの計算も同様の計算を $3 \times 3 \ (= 9)$ 回実行して，

$$\begin{aligned}
\tilde{9} =\ & \{0.5/(5+2) \vee 0.7/(5+3) \vee 0.5/(5+4)\} \\
& \vee \{0.5/(6+2) \vee 1.0/(6+3) \vee 0.5/(6+4)\} \\
& \vee \{0.5/(7+2) \vee 0.7/(7+3) \vee 0.5/(7+4)\} \\
=\ & (0.5/7 \vee 0.7/8 \vee 0.5/9) \vee (0.5/8 \vee 1.0/9 \vee 0.5/10) \\
& \vee (0.5/9 \vee 0.7/10 \vee 0.5/11) \\
=\ & (0.5/7) \vee (0.7/8 \vee 0.5/8) \vee (0.5/9 \vee 1.0/9 \vee 0.5/9) \\
& \vee (0.5/10 \vee 0.7/10 \vee 0.5/11)
\end{aligned}$$

となり，同じ値どうしの帰属度の計算はルール2に従って計算するので，

$$\tilde{6} \oplus \tilde{3} = \tilde{9} = 0.5/7 \vee 0.7/8 \vee 1.0/9 \vee 0.7/10 \vee 0.5/11$$

となる．

引く（$\ominus$），掛ける（$\otimes$），割る（$\oslash$）もそれぞれ同様に，

$$\begin{aligned}
0.7/5 \ominus 0.5/2 &= \min\{0.7, 0.5\}/(5-2) = 0.5/3 \\
0.7/5 \otimes 0.5/2 &= \min\{0.7, 0.5\}/(5\times 2) = 0.5/10 \\
0.7/5 \oslash 0.5/2 &= \min\{0.7, 0.5\}/(5\div 2) = 0.5/2.5
\end{aligned}$$

と計算するので，$\tilde{6} \ominus \tilde{3}$，$\tilde{6} \otimes \tilde{3}$，$\tilde{6} \oslash \tilde{3}$ の結果は，つぎのようになる．

$$\begin{aligned}
\tilde{6} \ominus \tilde{3} =\ & (0.7/5 \vee 1.0/6 \vee 0.7/7) \ominus (0.5/2 \vee 1.0/3 \vee 0.5/4) \\
=\ & (0.5/1 \vee 0.7/2 \vee 1/3 \vee 0.7/4 \vee 0.5/5) \\
\tilde{6} \otimes \tilde{3} =\ & (0.7/5 \vee 1.0/6 \vee 0.7/7) \otimes (0.5/2 \vee 1.0/3 \vee 0.5/4) \\
=\ & 0.5/10 \vee 0.5/12 \vee 0.5/14 \vee 0.7/15 \vee 1/18 \vee 0.5/20 \\
& \vee 0.7/21 \vee 0.5/24 \vee 0.5/28 \\
\tilde{6} \oslash \tilde{3} =\ & (0.7/5 \vee 1.0/6 \vee 0.7/7) \oslash (0.5/2 \vee 1.0/3 \vee 0.5/4) \\
=\ & 0.5/\frac{5}{4} \vee 0.5/\frac{3}{2} \vee 0.7/\frac{5}{3} \vee 0.5/\frac{7}{4} \vee 1/2 \vee 0.7/\frac{7}{3} \\
& \vee 0.5/\frac{5}{2} \vee 0.5/3 \vee 0.5/\frac{7}{2}
\end{aligned}$$

一方，関数にファジィ数を代入するときの求め方も「拡張原理」による．たとえば，

$f(x) = 2x+1$ の x にファジィ数 $\tilde{3}$ を代入したときの値は，$1 = 1.0/1$, $2 = 1.0/2$ であるから，

$$f(\tilde{3}) = 2 \otimes \tilde{3} \oplus 1$$
$$= 1.0/2 \otimes (0.5/2 \vee 1.0/3 \vee 0.5/4) \oplus 1.0/1$$
$$= (0.5/(2\times 2) \vee 1.0/(2\times 3) \vee 0.5/(2\times 4)) \oplus 1.0/1$$
$$= (\min\{0.5, 1.0\}/(4+1) \vee \min\{1.0, 1.0\}/(6+1) \vee \min\{0.5, 1.0\}/(8+1))$$
$$= 0.5/5 \vee 1.0/7 \vee 0.5/9$$

となる．

この四則演算を使ってつぎの例題を考えてみよう．

例題 5.1

ある製品の製造について，従来は製造方法 X だけであったが，新たな製造方法 Y が開発された．製造方法 X は，「15 分ぐらい」の段階 A，「20 分ぐらい」の段階 B の 2 段階からなる製法である．一方，製造方法 Y は，X と同じ「15 分ぐらい」の段階 A に，「5 分ぐらい」の段階 C と「10 分ぐらい」の段階 D が続く 3 段階の製法である．各段階の帰属度は表 5.2 のとおりであった．どちらの方法で製品を製造するのがよいか検討せよ．ただし，ここでは安定して製造できるかを判断基準とする．

表 5.2 帰属度

段階 A（15 分ぐらい）	0.5/13	1/15	0.8/17
段階 B（20 分ぐらい）	0.5/18	1/20	0.6/22
段階 C（ 5 分ぐらい）	0.5/3	1/5	0.7/7
段階 D（10 分ぐらい）	0.5/8	1/10	0.7/12

▶ **解** ファジィ数であることを無視して計算すると，

$$X = 15 + 20 = 35$$
$$Y = 15 + 5 + 10 = 30$$

となる．一方，ファジィ数として計算すると，つぎのようになる．

$$\tilde{X} = \tilde{A} \oplus \tilde{B}$$
$$= (0.5/13 \vee 1.0/15 \vee 0.8/17) \oplus (0.5/18 \vee 1.0/20 \vee 0.6/22)$$
$$= (0.5/31 \vee 0.5/33 \vee 0.5/35) \vee (0.5/33 \vee 1.0/35 \vee 0.6/37)$$
$$\vee (0.5/35 \vee 0.8/37 \vee 0.6/39)$$
$$= 0.5/31 \vee 0.5/33 \vee 1.0/35 \vee 0.8/37 \vee 0.6/39$$
$$\tilde{Y} = (\tilde{A} \oplus \tilde{C}) \oplus \tilde{D}$$
$$= \{(0.5/13 \vee 1.0/15 \vee 0.8/17) \oplus (0.5/3 \vee 1.0/5 \vee 0.7/7)\}$$
$$\oplus (0.5/8 \vee 1.0/10 \vee 0.7/12)$$
$$= 0.5/24 \vee 0.5/26 \vee 0.5/28 \vee 1.0/30 \vee 0.8/32 \vee 0.7/34 \vee 0.7/36$$

以上から，$\tilde{X}$, $\tilde{Y}$ それぞれの帰属度をグラフにすると，図 5.6 のようになる．

図 5.6 からわかるように，製造方法 X の所要時間の幅は 8 分（31〜39 分）であるのに対し，製造方法 Y は 12 分（24〜36 分）となっていて，Y のほうが差が大きい．問題では，安定した製造を判断基準としているので，所要時間の幅は少ないほうがよい．よって，製造方法 X を選ぶのがよいという結論になる．ただし，製造方法 Y の段階 C，段階 D の帰属度が改善されれば，再度検討の必要がある．

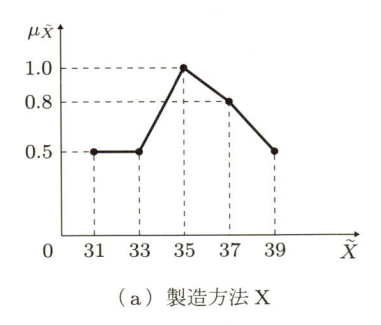

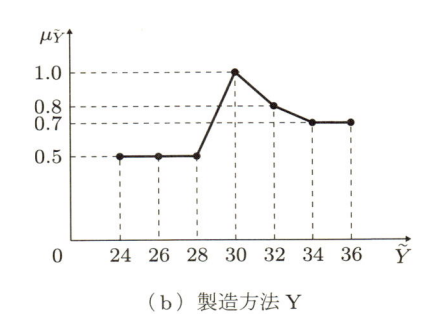

(a) 製造方法 X

(b) 製造方法 Y

図 5.6　製造方法の帰属度

5.1.3 連続型ファジィ数

連続型ファジィ数の性質をまとめる．まず，応用に便利な台形型ファジィ数と三角形ファジィ数を説明する．

(1) 台形型ファジィ数

台形型ファジィ数（trapezoidal fuzzy numbers）とよばれるファジィ数は，四対の数 $(\alpha, m_1, m_2, \beta)$ で表される帰属度関数をもつファジィ数で，式で表すと，

$$\mu_{\tilde{A}}(x) = \begin{cases} 0 & (x < \alpha) \\ \dfrac{x-\alpha}{m_1 - \alpha} & (\alpha \leq x \leq m_1) \\ 1 & (m_1 \leq x \leq m_2) \\ \dfrac{\beta - x}{\beta - m_2} & (m_2 \leq x \leq \beta) \\ 0 & (x > \beta) \end{cases}$$

となり，これをグラフで表したのが図 5.7 である．

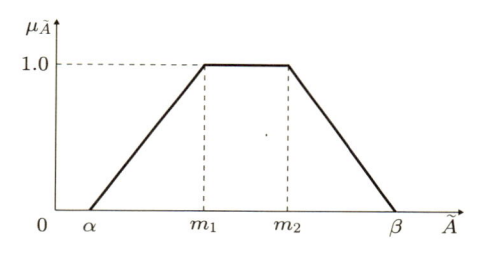

図 5.7 台形型ファジィ数

台形型ファジィ数間の四則演算は本書では利用しないので，説明は省略する．

本書で利用する台形型ファジィ数は，図 5.8(a) の $(0, 0, m_2, \beta)$ のような「m_2 以下にしたい」場合や，図 (b) の (α, m_1, m_2, m_2) のような「m_1 以上にはしたい」場合のファジィ集合である[1]．

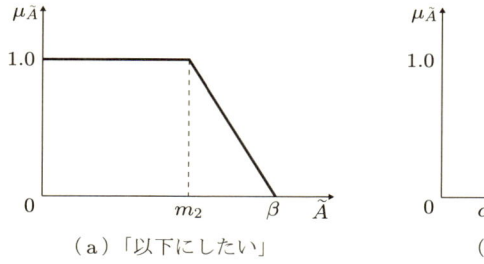

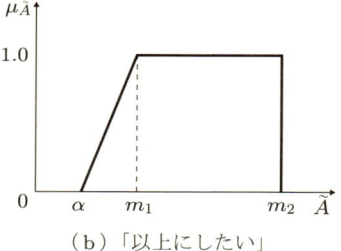

（a）「以下にしたい」　　　　　　（b）「以上にしたい」

図 5.8 帰属度関数のグラフ

式で表現してみよう．ただし，「以上にしたい」というファジィ集合は，理論的には m_2 を限りなく大きくすべきところだが，m_2 はできるだけ大きな値にとることで対応すればよい．たとえば，「5 分以上にしたい」の帰属度関数を $(2, 5, 30, 30)$ などにする

---

[1] これは，満足度を表す値であると考えると理解しやすい．

ことである．

だいたい以下にしたい $((0, 0, m_2, \beta))$ の帰属度関数を式で表すとつぎのようになる．

$$\mu_{\tilde{A}}(x) = \begin{cases} 1 & (0 \leq x \leq m_2) \\ \dfrac{\beta - x}{\beta - m_2} & (m_2 \leq x \leq \beta) \\ 0 & (x > \beta) \end{cases}$$

だいたい以上にしたい $((\alpha, m_1, m_2, m_2))$ の帰属度関数を式で表すとつぎのようになる．

$$\mu_{\tilde{A}}(x) = \begin{cases} 0 & (x < \alpha) \\ \dfrac{x - \alpha}{m_1 - \alpha} & (\alpha \leq x \leq m_1) \\ 1 & (m_1 \leq x \leq m_2) \end{cases}$$

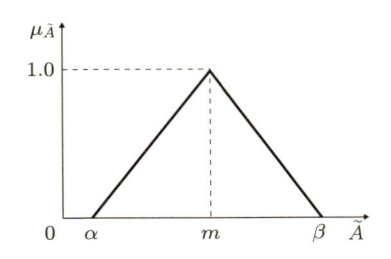

(2) 三角形ファジィ数

三角形ファジィ数（triangular fuzzy numbers：**TFN**）は三対の数 (α, m, β) を帰属度関数にもつファジィ数である．本書では三角形ファジィ数の四則は多用するので詳しく述べておくことにする．まず，式で表すと，

$$\mu_{\tilde{A}}(x) = \begin{cases} 0 & (x < \alpha) \\ \dfrac{x - \alpha}{m - \alpha} & (\alpha \leq x \leq m) \\ \dfrac{\beta - x}{\beta - m} & (m \leq x \leq \beta) \\ 0 & (x > \beta) \end{cases}$$

となり，これをグラフで表したのが図 5.9 である．

大切なことは，TFN は四則の結果がまた TFN になるという良い性質をもっていることである．多くの分野への応用が考えられてきた理由がここにある．そこで，TFN

図 5.9 三角形ファジィ数

の性質について簡単にまとめておく[1]．

二つの TFN を $\tilde{A} = (\alpha, m, \beta)$, $\tilde{B} = (\gamma, n, \delta)$ とするとき，$\tilde{A}$, $\tilde{B}$ がファジィ数であることと，計算の原理は「拡張原理」で同じだから，四則演算の記号は $\oplus$, $\ominus$, $\otimes$, $\oslash$ を利用する．ただし，$\alpha \geq 0$, $\gamma \geq 0$ とする．

$$\tilde{A} \oplus \tilde{B} = (\alpha, m, \beta) \oplus (\gamma, n, \delta) = (\alpha + \gamma, m + n, \beta + \delta)$$
$$\tilde{A} \ominus \tilde{B} = (\alpha, m, \beta) \ominus (\gamma, n, \delta) = (\alpha - \delta, m - n, \beta - \gamma)$$

引き算では，対応する成分どうしの引き算にはならず，γ と δ が逆になっていることに注意してほしい．

$$k \otimes \tilde{A} = k \otimes (\alpha, m, \beta) = \begin{cases} (k\alpha, km, k\beta) & (k \text{ は正の実数}) \\ (k\beta, km, k\alpha) & (k \text{ は負の実数}) \end{cases}$$

ここまでの性質は等号で結ばれる性質だが，以後の性質はこれと少し異なる．

$$\tilde{A} \otimes \tilde{B} = (\alpha, m, \beta) \otimes (\gamma, n, \delta) \fallingdotseq (\alpha \times \gamma, m \times n, \beta \times \delta)$$

$\fallingdotseq$ は近似値であることを表す．ここで，この記号は，本章ではきわめて近い値の場合に利用するので，$=$ と $\fallingdotseq$ はほとんど同じ意味をもつ．よって，公式としては $\fallingdotseq$ で表すが，事例などで利用するときは，$\fallingdotseq$ はすべて $=$ で表すことにする．

$$\tilde{A} \oslash \tilde{B} = (\alpha, m, \beta) \oslash (\gamma, n, \delta) \fallingdotseq \left(\frac{\alpha}{\delta}, \frac{m}{n}, \frac{\beta}{\gamma}\right)$$

最後に，そのほかの演算についてもまとめておく．

$$\tilde{A}^{-1} = 1 \oslash \tilde{A} = (1, 1, 1) \oslash (\alpha, m, \beta) \fallingdotseq \left(\frac{1}{\beta}, \frac{1}{m}, \frac{1}{\alpha}\right)$$

なお，この公式では，$1 = (1, 1, 1)$ である．

また，自然対数の関数 $\log_e x$ についても次式が成り立つ．

$$\log_e \tilde{A} = \log_e (\alpha, m, \beta) \fallingdotseq (\log_e \alpha, \log_e m, \log_e \beta)$$

つぎの関係式は，TFN の n 乗根の求め方を述べたものであるが，あとで必要になるので掲載しておく．

$$\tilde{A}^{\frac{1}{n}} = (\alpha, m, \beta)^{\frac{1}{n}} \fallingdotseq \left(\alpha^{\frac{1}{n}}, m^{\frac{1}{n}}, \beta^{\frac{1}{n}}\right)$$

さらに，TFN どうしの**ランク付け**（順序を与えること）には，つぎの**代表通常数**

---

[1] 詳細は，たとえば参考図書 [15] 参照．

(associated ordinary number) $\widehat{A}$ を利用する.

$$\tilde{A} = (l, m, r) \Rightarrow \widehat{A} = \frac{l + 2m + r}{4}$$

この値の大小で三対の数である TFN の大小を決める.

$\tilde{A}$, $\tilde{B}$ を二つの TFN とするとき,「$\tilde{A}$ は $\tilde{B}$ に **優越する**」とはつぎのことを意味する (図 5.10 参照).

1) $\tilde{A}$ の代表通常数のほうが $\tilde{B}$ の代表通常数より大きい.
2) 1) の基準で決められないとき,最大の推定帰属度が 1 になる数（モード値）が $\tilde{A}$ のほうが $\tilde{B}$ より大きい.
3) 1) でも 2) でも決められないとき, $\tilde{A}$ のすその広がりのほうが $\tilde{B}$ のすその広がりより狭い.

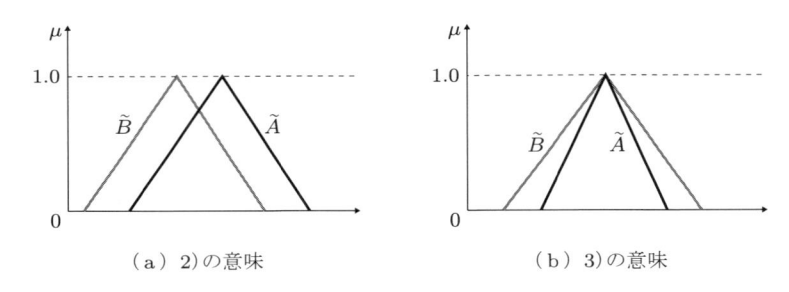

（a）2) の意味　　　　　（b）3) の意味

図 5.10　$\tilde{A}$ は $\tilde{B}$ に優越する

▶ 5.2　例題－各手法への適用

ファジィ OR の基礎を理解したので,各種ファジィ理論を用いた手法を説明していこう.

5.2.1　ファジィ PERT 法

まず,例題を考えるために必要な用語を説明する.

メジャー TFN　　いくつかの TFN のデータ群に対して定義され,データ群のほかのすべての TFN に優越するような TFN を指す.データ群を $\tilde{A}$ で表すとき,メジャー TFN を $\tilde{A}^*$ で表す.

マイナー TFN　　いくつかの TFN のデータ群に対して定義され,データ群のほかのすべての TFN に優越されるような TFN を指す.データ群を A で表すとき,マイナー TFN を $\tilde{A}_*$ で表す.

ミンコウスキーの減法 二つの TFN, $\tilde{A}_1 = (a_1, b_1, c_1)$, $\tilde{A}_2 = (a_2, b_2, c_2)$ に対して,ミンコウスキーの減法とよばれる演算 $\ominus_m$ はつぎのように定義される.

$$\tilde{A}_1 \ominus_m \tilde{A}_2 = (a_1, b_1, c_1) \ominus_m (a_2, b_2, c_2)$$
$$= (a_1 - a_2, b_1 - b_2, c_1 - c_2)$$

ここで,ミンコウスキーの減法は $(\tilde{A}_1 \ominus_m \tilde{A}_2) \oplus \tilde{A}_2 = \tilde{A}_1$ を満たす.この演算は,PERT 法に TFN 計算を用いる際,通常の場合と同様に,最遅ノード時刻を計算するには減法が必要になる.これに TFN の減法を適用すると,出発ノードの TFN にはたどりつけないという不都合が生じてしまう.そこで,そのような不都合を解消するため,最遅ノード時刻計算をするときは,ミンコウスキー減法を用いる.

TFN で与えられたデータを用いたスケジューリングの CP(クリティカルパス)を求める方法がある.カウフマン・グプタ(A. Kaufmann, Madan M. Gupta:KG)[15] が提案する手順を述べ,引き続き簡単な例題を挙げて処理方法の理解を深める.なお,KG の提案する方法は,代表通常数を利用することによって,PERT 法をファジィ化するというつぎのものである.

❶ 作業ごとの処理時間を満足度で(大いに満足な時間,満足な時間,限界の時間)で決める.これを,専門家の主観的な意見を聞き,それをもとに決定するのでもよい.その際,専門家の数は一定の人数である必要はなく,作業ごとに異なっていてよい.

❷ それぞれの作業について,メジャー TFN とマイナー TFN を選定する.意見が一つしかない場合は,それがメジャー TFN でありかつマイナー TFN である.TFN が通常の数の場合は,たとえば,通常の数 k の TFN は (k, k, k) である.

❸ それぞれのメジャー TFN とマイナー TFN に対して,代表通常数を計算する.

❹ 悲観的な場合の CP を決定するためには,メジャー TFN とそれに対応する代表通常数が利用され,楽観的な場合の CP を決定するには,マイナー TFN とそれを用いた代表通常数が利用される.

❺ CP 上にないノードに対しては,代表通常数を求め,これを用いて余裕時間を計算する.

この手順をふまえ,つぎの例題を考えてみよう.

例題 5.2

あるプラントを建設するには，図 5.11 のように，①〜④の四つの段階（頂点）があり，A〜D の四つの主要な作業が必要である．それぞれの作業について，3 人ないし 2 人の専門家から作業に要する時間の予想値を TFN として聞いた結果は，表 5.3 のとおりであった．なお，表中では代表通常数の計算まで済ませてある．このとき，この作業の開始から終了までの CP と，CP 上にないノードにおける余裕時間を求めよ．その際，遅れることを想定して期間を大まかに見積もった悲観的な場合と処理時間を短めに見積もった楽観的な場合に分けて求めよ．なお，予想を立てる余地のない B，C については通常の数として一つだけ載せ，異なる意見が二つしかない場合には二つだけ載せた．

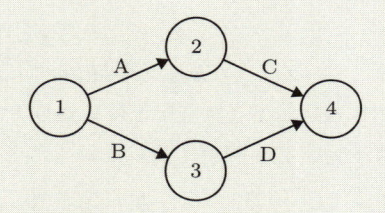

図 5.11 アローダイアグラム

表 5.3 専門家の予想（TFN）と代表通常数

作業	専門家の予想（TFN）	代表通常数
A(1, 2)	(3, 5, 6)	$\frac{3+2\times 5+6}{4}=4.75$
—	(4, 5, 6)	$\frac{4+5\times 5+6}{4}=5.0$
—	(3, 6, 7)	$\frac{3+2\times 6+7}{4}=5.5$
B(1, 3)	(3, 3, 3)（通常の数）	3.0
C(2, 4)	(2, 2, 2)（通常の数）	2.0
D(3, 4)	(3, 4, 5)	$\frac{3+2\times 4+5}{4}=4.0$
—	(4, 5, 6)	$\frac{4+2\times 5+6}{4}=5.0$

▶ **解** ［悲観的な場合］ 悲観的な場合の意味から，メジャー TFN がそれに用いられる．そこで，表 5.4 が悲観的な場合の基礎データとなる．

CP の計算は，最早ノード時刻の計算と同様の手法で計算を進める．ノード①から始めるとして，このノードが繋がっているのは②と③で，その TFN はつぎのとおりである．

表 5.4 例題 5.2 のメジャー TFN と代表通常数

作業	メジャー TFN	代表通常数
A(1,2)	(3,6,7)	$\frac{3+2\times 6+7}{4}=5.5$
B(1,3)	(3,3,3)	3.0
C(2,4)	(2,2,2)	2.0
D(3,4)	(4,5,6)	$\frac{4+2\times 5+6}{4}=5.0$

$$\tilde{A}^* = (3,6,7), \qquad \tilde{B}^* = (3,3,3)$$

②が繋がっているノードは④のみで，

$$\tilde{C}^* = (2,2,2)$$

である．また，③が繋がるのは④のみで，

$$\tilde{D}^* = (4,5,6)$$

である．したがって，①から始めて④で終わるパスは，$\tilde{A}^* \oplus \tilde{C}^*$ または $\tilde{B}^* \oplus \tilde{D}^*$ である．これを TFN の規則に従い計算すると，

$$\tilde{A}^* \oplus \tilde{C}^* = (3,6,7) \oplus (2,2,2) = (5,8,9)$$
$$\tilde{B}^* \oplus \tilde{D}^* = (3,3,3) \oplus (4,5,6) = (7,8,9)$$

となる．結果の比較は代表通常数に従うならば，

$$\widehat{\tilde{A}^* \oplus \tilde{C}^*} = \frac{5+2\times 8+9}{4} = \frac{30}{4} = 7.5$$
$$\widehat{\tilde{B}^* \oplus \tilde{D}^*} = \frac{7+2\times 8+9}{4} = \frac{32}{4} = 8.0$$

である．よって，$\tilde{B}^* \oplus \tilde{D}^*$ のほうが $\tilde{A}^* \oplus \tilde{C}^*$ より優越していることがわかる[1]．

それでは，逆向きに進むことによって，CP を特定しよう．最遅ノード時刻計算の方法に従って求めていく．まず，最終ノードは最早で到達した時刻（最早ノード時刻）の TFN は $(7,8,9)$ であるから，最遅ノード時刻は，これから減算で戻ることになる．これの代表通常数 8.0 を最終ノード④の最遅ノード時刻と決める．つぎに，ノード③に戻るには，D で戻るしかない．よって，引き算になるので，ミンコウスキーの減法を使い，

---

[1] 二つの仕事が継続している場合，PERT 法の基本的な考え方は，前の仕事がすべて終わってからつぎの仕事が始まるので，前の仕事のグループでいえば，そのなかのすべての TFN に優越するメジャー TFN が終了している必要がある．

$$(ノード④の\text{TFN}) \ominus_m \tilde{D}^* = (7,8,9) \ominus_m (4,5,6)$$
$$= (3,3,3)$$

となり，代表通常数は3であるから，ノード③の最遅ノード時刻は3ということになる．同様にして，ノード②の最遅を計算すると，つぎのようになる．

$$(7,8,9) \ominus_m (2,2,2) = (5,6,7)$$

これから，②の最遅ノード時刻は，$(5+2\times 6+7)/4=6$ となる．この計算を代表通常数を用いて，$8.0-2.0=6.0$ と計算してもよい．最後に，①に戻るには，②からと③からのパスがあるので，比較が必要になる．もちろん，PERT法のルールによって，最小値が採用される．この計算は代表通常数を利用してもよい．つぎの計算は代表通常数を用いたものである．

② から戻る：$6.0-5.5=0.5$

③ から戻る：$3.0-3.0=0$

よって，①での最遅ノード時刻は0になる．以上の内容をまとめると表5.5のようになる．

表 5.5

項目	①	②	③	④
最早	0.0	5.5	3.0	8.0
最遅	0.0	6.0	3.0	8.0
余裕	0.0	0.5	0.0	0.0

いうまでもなく，悲観的な場合のCPは，B → D（① → ③ → ④）である．CP上のノードではどこでも余裕は0になることに注意してほしい．これはファジィでないPERT法の場合と同じである．

[楽観的な場合] 楽観的な場合とは，処理時間を短めに見積もった場合であるから，マイナーTFNがその対象になる．よって，表5.3から，表5.6が楽観的な場合の基礎データとなる．

CPの計算を始める．悲観的な場合の求め方と方針としては同じである．ノード①から始めるとして，これに繋がるノードは②と③であり，そのTFNは，

$$\tilde{A}_* = (3,5,6), \quad \widehat{A} = 4.8$$
$$\tilde{B}_* = (3,3,3), \quad \widehat{B} = 3.0$$

表 5.6　例題 5.2 のマイナー TFN と代表通常数

作業	マイナー TFN	代表通常数
A(1,2)	(3,5,6)	$\frac{3+2\times 5+6}{4}=4.75$
B(1,3)	(3,3,3)	3.0
C(2,4)	(2,2,2)	2.0
D(3,4)	(3,4,5)	$\frac{3+2\times 4+5}{4}=4.0$

である．ノード②から繋がるのは④のみであり，その TFN は，

$$\tilde{C}_* = (2,2,2), \qquad \widehat{\tilde{C}} = 2.0$$

である．③から繋がるのは④のみであり，その TFN は，

$$\tilde{D}_* = (3,4,5), \qquad \widehat{\tilde{D}} = 4.0$$

である．以上の考察から，①から④に繋がるパスは A → C または B → D である．それぞれの TFN はつぎのように計算できる．

$$(A \to C) \text{ の TFN} = (3,5,6) \oplus (2,2,2) = (5,7,8),$$
$$\widehat{\tilde{A}_* \oplus \tilde{C}_*} = \frac{5+2\times 7+8}{4} = 6.75$$
$$(B \to D) \text{ の TFN} = (3,3,3) \oplus (3,4,5) = (6,7,8),$$
$$\widehat{\tilde{B}_* \oplus \tilde{D}_*} = \frac{6+2\times 7+8}{4} = 7.0$$

①から④へのパスすべての TFN とその代表通常数を計算した結果から，楽観的な場合のパスのなかでは B → D が優越することがわかった．

それでは，逆コースで最遅ノード時刻を計算し，余裕時間を計算してみよう．

④ノードでの最遅ノード時刻は，最早ノードで得られた 7.0 から出発することになる．悲観的な場合で経験したように，余裕が生じるのは A → C であるから，④からパス C で戻ると 7.0 − 2.0 = 5.0 となる．一覧表を作成すると表 5.7 のようになる．

以上からわかるように，CP は①，③，④を通るパス，つまり B → D であることがわかる．この結果は悲観的な場合と同様の CP になっている．

表 5.7

項目	①	②	③	④
最早	0.0	4.75	3.0	7.0
最遅	0.0	5.0	3.0	7.0
余裕	0.0	0.25	0.0	0.0

また余裕を表で求めたが，ノード②に生じた余裕は，悲観では 0.5 であったものが，楽観では 0.25 になっている．このように，一般に「楽観の場合の余裕」は「悲観の場合の余裕」より小さいかまたは等しい．

5.2.2 ファジィ LP 法

線形計画法のファジィ化に関しては，多くの方法が考えられている[5, 11, 15]が，本書では台形型ファジィ数を用いる方法を説明する．

ここでは，「だいたい k 以上」を「$\succeq k$」，「だいたい k 以下」を「$\preceq k$」と表すことにする．

ファジィ数を制約条件に含むファジィLP法を考える．つぎの LP 問題を考えてみよう．

$$\text{制約条件：} \begin{cases} 50x + 40y \leq 3200, & 50x + 160y \leq 11600 \\ 60x + 20y \leq 3000, & x \geq 0, \quad y \geq 0 \end{cases}$$
$$\text{目的関数：} \quad 180x + 100y \quad \text{（最大化）}$$

これは通常の LP 問題であり，この問題を解くと，$x = 40$，$y = 30$ のとき，最大値 10200 となる．ところが，問題を定式化するにあたって，曖昧な制約条件と不明確な目的でどのように問題を設定すべきか迷い，結局，「だいたい」という形容詞を付けなければ表現できないことがある．このような場合，ファジィ性を加味した定式化で対応するしかない．これを解決する手法が**ファジィLP法**である．

たとえば，上記のような通常の LP 問題を定式化する段階で曖昧な状況があったとする．これをファジィLP問題に直すには，たとえば $50x + 4y \leq 3200$ は，$\leq$ を $\preceq$ に変えて $50x + 40y \preceq 3200$ というファジィ不等式にする．ほかも同様にして，つぎの連立ファジィ不等式が得られる．

$$50x + 40y \preceq 3200$$
$$50x + 160y \preceq 11600$$
$$60x + 20y \preceq 3000$$
$$x \geq 0, \quad y \geq 0$$
$$180x + 100y \quad \text{（最大化）}$$

ここで，ファジィ理論のなかで目的関数を考える場合，これをファジィ不等式に直して扱う．その理由は，ファジィだからといって，「できるだけ大きくしたい」では，漠然としすぎていてファジィ集合に結び付けられないからである．ここでは，「…以上

にはしたい」というようなファジィ不等式に直す．上記の通常のLP問題の目的関数 $180x + 100y$（最大化）の解は $z = 10200$ であったので，これを手掛かりにして，たとえばファジィ不等式を $180x + 100y \succeq 10000$ とし，これを含むすべてのファジィ不等式を満たす最適解を求めるという問題にして解く．

それでは，この場合何を求める問題なのだろうか．すべての制約条件を満たす x, y については候補がいくつか挙げられるだろうが，最適な解ということになれば，制限や目的が不等式であり，LP問題としては，これを満たす実行可能領域が一点になってくれればよいが，その保証はない．では，何を基準にすればよいのかということになると，困ってしまう．つまり，最適な解の意味を考え直す必要がある．これに対しては，ベルマン（R. Bellman）とザデーが「ファジィ決定に関する最大化決定」という考え方を提案している．それはファジィ集合の場合，ファジィ決定にかかわる実行可能領域としてのファジィ集合 D を考えたとき，解の候補がいくつかあれば，候補の D への帰属度を調べ，そのなかで最大になるものを最適解と考えようという考え方である．これを，**最大化決定**（maximizing decision）の原理という．ここで採用したファジィLP法は，この考え方に従うことにする．

以上から，制約条件や目的関数の内容を帰属度関数で定式化する必要がある．ここで，「だいたい k 以上」といった場合，帰属度関数は $x \geq k$ では 1 となることは当然として，そのグラフは無限に続く．

$x \succeq k$ の帰属度関数をつぎのように定める．ただし，d は可能な**許容変動幅**である．

$$\mu(x \succeq k) = \begin{cases} 0 & (x < k - d) \\ 1 - \dfrac{k - x}{d} & (k - d \leq x < k) \\ 1 & (x \geq k) \end{cases}$$

これを図示すると，図 5.12(a) のようになる．

$x \preceq k$ の帰属度関数をつぎのように定める．

$$\mu(x \preceq k) = \begin{cases} 1 & (x \leq k) \\ 1 - \dfrac{x - k}{d} & (k \leq x < k + d) \\ 0 & (x \geq k + d) \end{cases}$$

これを図示すると，図 5.12(b) のようになる．

ここで，最大化決定の考え方を適用し，ファジィLP問題を解決する方法を検討する．目的関数も制約条件の一つとして考えることはすでに述べたとおりである．したがって，いくつかの条件があり，それらすべてを満たす集合を考える．

(a) $x \succeq k$　　(b) $x \preceq k$

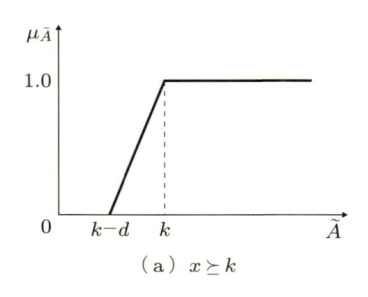

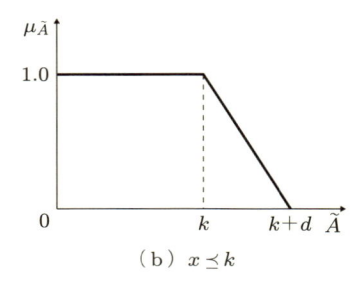

図 5.12　帰属度関数

解の方針は，ファジィ LP 問題を通常の LP 問題に直して解く．ここでは簡単のため，二つの制約条件がある場合で考えてみる．

二つの制約条件があるとして，最大・最小を考える場合に着目すべき帰属度関数は，$1-(k-x)/d$ あるいは $1-(x-k)/d$ の部分である．この部分に最適値（帰属度）を与える点があると考えることにすれば，

$$\left(1-\frac{(k_1-x_1)}{d_1}\right) \text{かつ} \left(1-\frac{(x_2-k_2)}{d_2}\right)$$

の 2 式が共通の値をとるような x_1, x_2 の集まりを考え，共通の値のなかで最大になる x_1, x_2 を探すという方針になる．そこで，共通の値を λ とおけば，

$$\left(1-\frac{(k_1-x_1)}{d_1}\right) \wedge \left(1-\frac{(x_2-k_2)}{d_2}\right) = \lambda \tag{5.4}$$

となり，λ が最大になるような x_1, x_2 を探すということになる．ここで，「$\wedge$」は「かつ」を意味する記号である．式(5.4)は

$$\lambda \leq 1 - \frac{(k_1-x_1)}{d_1} \tag{5.5}$$

$$\lambda \leq 1 - \frac{(x_2-k_2)}{d_2} \tag{5.6}$$

と書き直すことができるから，ファジィ制約条件は通常の制約条件(5.5)，(5.6)になり，ここでの目的関数は，

　　　目的関数：λ　（最大化）

となる．条件式がいくつであれ，方針はまったく同様である．また，この例題では LP 問題としては最大化問題であったが，これが最小化問題であったとしても，ファジィ化すればすべて帰属度の最大化問題になる．実際の問題に取り組んでみよう．

例題 5.3

つぎのファジィLP問題の最適解を求めよ．

$$50x + 40y \preceq 3200, d_1 = 50 \tag{5.7}$$
$$50x + 160y \preceq 11600, d_2 = 100 \tag{5.8}$$
$$60x + 20y \preceq 3000, d_3 = 50 \tag{5.9}$$
$$180x + 100y \succeq 10300, d_4 = 500 \tag{5.10}$$
$$x \geq 0, \quad y \geq 0 \tag{5.11}$$

ただし，$d_1 \sim d_4$ は許容変動幅とする．

▶ **解** 式(5.7)を帰属度関数で表すことを考えると，これは，$50x + 40y = X_1$ とおけば $X_1 \preceq 3200$ となるので，許容変動幅は $d_1 = 50$ より [1] つぎのようになる．

$$\mu_1(X_1 \preceq 3200) = 1 - \frac{X_1 - 3200}{50} = \frac{50 - (X_1 - 3200)}{50} \tag{5.12}$$

式(5.8)は，$50x+160y = X_2$ とおけば $X_2 \preceq 11600$ となるので，許容変動幅は $d_2 = 100$ よりつぎのようになる．

$$\mu_2(X_2 \preceq 1600) = 1 - \frac{X_2 - 11600}{100} = \frac{100 - (X_2 - 11600)}{100} \tag{5.13}$$

式(5.9)は，$60x + 20y = X_3$ とおけば $X_3 \preceq 3000$ となるので，許容変動幅は $d_3 = 50$ よりつぎのようになる．

$$\mu_3(X_3 \preceq 3000) = 1 - \frac{X_3 - 3000}{50} = \frac{50 - (X_3 - 3000)}{50} \tag{5.14}$$

式(5.10)は，$180x + 100y = X_4$ とおけば $X_4 \succeq 10300$ となるので，許容変動幅は $d_4 = 500$ よりつぎのようになる．

$$\mu_4(X_4 \succeq 10300) = 1 - \frac{10300 - X_4}{500} = \frac{200 + (X_4 - 10300)}{500} \tag{5.15}$$

式(5.11)，λ の取り得る値の範囲は，帰属度の満たすべき条件

$$1 \geq \lambda \geq 0 \tag{5.16}$$

であり，さらに式(5.11)の条件を満たし，

---
[1] 許容変動幅は図 5.7 参照．また，その与え方は主観的である．

目的関数：λ　（最大化）

を求める問題となる．つまり，通常の LP 問題ということになる．これらを x, y の式に書き直すと，

$$\lambda \leq \frac{50 - (50x + 40y - 3200)}{50}$$

$$\lambda \leq \frac{100 - (50x + 160y - 11600)}{100}$$

$$\lambda \leq \frac{50 - (60x + 20y - 3000)}{50}$$

$$\lambda \leq \frac{500 + (180x + 100y - 10300)}{500}$$

$$x \geq 0, \quad y \geq 0, \quad 1 \geq \lambda \geq 0$$

のもとで，目的関数 λ の最大化問題ということになる．

これを整理したのが次式である．

$$50\lambda + 50x + 40y \leq 3250 \tag{5.17}$$

$$100\lambda + 50x + 160y \leq 11700 \tag{5.18}$$

$$50\lambda + 60x + 20y \leq 3050 \tag{5.19}$$

$$-500\lambda + 180x + 100y \geq 9800 \tag{5.20}$$

$$x \geq 0, \quad y \geq 0, \quad 1 \geq \lambda \geq 0 \tag{5.21}$$

目的関数：λ　（最大化）

これは，x, y, λ の 3 変数からなる通常の LP 問題である．式(5.17)～(5.21)を解くと，

$$x = 40.10, \quad y = 30.05, \quad \lambda = 0.85$$

となる．λ の値は制約条件と目的関数を満たす最適解の解集合への帰属度にもなっていることに注意したい[1]．　■

ところで，元の LP 問題の解は $x = 40$, $y = 30$ であったから，ファジィ LP 問題の最適解の値とほぼ同じである．最適解の帰属度は 0.85（< 0.15）であるから，申し分のない解といえる．

---

[1] この問題をソルバーで解く際，データの入力画面が少し面倒である（付録参照）．

5.2.3 ファジィ AHP 法

ファジィ AHP 法の処理方法はいくつかあるが，本書では TFN を用いた方法を紹介する．それは，一対比較に曖昧性があるのであれば，この段階から曖昧さを考慮し，その後の計算にそれを反映させるという方法である[1]．本書は，ファジィ数の扱いを容易にするため，TFN を利用し，手法は AHP 法本来の方法に従う．

まず，一対比較をファジィ数で処理する．つまり，一対比較値を TFN[2] で表し，その後の処理は可能な限り通常の AHP 法の手法に沿って処理する．さらに，そこから得られる結果の TFN を解釈する，という方針で進める．なお，TFN どうしの演算なので，演算記号はファジィ PERT と同様に $\oplus, \ominus, \otimes, \oslash$ を利用する．

まず，一対比較値を表 5.8 のようなファジィ数で定める．一対比較行列はつぎのようになる．

$$\tilde{A} = \begin{pmatrix} \tilde{1} & \tilde{a}_{12} & \cdots & \tilde{a}_{1n} \\ \tilde{a}_{21} & \tilde{1} & \cdots & \tilde{a}_{2n} \\ & & \ddots & \\ \tilde{a}_{n1} & & \cdots & \tilde{1} \end{pmatrix}$$

ただし，$\tilde{a}_{ji} = 1/\tilde{a}_{ij}$ だから，TFN の公式

$$\frac{1}{(l, m, r)} = \left(\frac{1}{r}, \frac{1}{m}, \frac{1}{l}\right)$$

を利用する．

表 5.8 ファジィ一対比較値対応表

ファジィ数	意 味	帰属度（TFN）
$\tilde{1}$	だいたい同じ	(1, 1, 2)
$\tilde{3}$	少し重要	(2, 3, 4)
$\tilde{5}$	重要	(4, 5, 6)
$\tilde{7}$	かなり重要	(6, 7, 8)
$\tilde{9}$	絶対的に重要	(8, 9, 10)

i 番目の評価項目ごとのファジィ平均値（ファジィ幾何平均）を $\tilde{a}_i$ とおき，ファジィウエイトを $\tilde{w}_i$ とおくと，

---

[1] たとえば，参考図書 [6, 17] 参照．
[2] 参考図書 [6] は離散型ファジィ数を利用し，参考図書 [17] は台形型の連続型ファジィ数を利用している．

$$\tilde{a}_i = (\tilde{a}_{i1} \otimes \tilde{a}_{i2} \otimes \cdots \otimes \tilde{a}_{in})^{\frac{1}{n}}$$

$$\tilde{w}_i = \frac{\tilde{a}_i}{\tilde{a}_1 \oplus \tilde{a}_2 \oplus \cdots \oplus \tilde{a}_n}$$

となる．ここまでの計算は，TFN の計算の規則に従って計算する．また，i 番目の代替案の j 番目の評価項目に対するファジィ一対比較値を $\tilde{r}_{ij}$ とおき，i 番目の代替案のファジィ総合ウエイトを $\tilde{U}_i$ とおくと，AHP 法の考え方から，

$$\tilde{U}_i = \tilde{w}_1 \otimes \tilde{r}_{i1} \oplus \tilde{w}_2 \otimes \tilde{r}_{i2} \oplus \cdots \oplus \tilde{w}_n \otimes \tilde{r}_{in}$$

となる．

実際に計算してみるとわかるとおり，TFN ウエイトの計算と総合評価値の計算結果は，帰属度 1 の要素のウエイトは本来の意味を保っているが，それ以外の上限値や下限値はウエイトの意味をもたない．

ここでのランク（順位）の付け方は，ファジィPERT 法で利用した「優越する」という概念を利用して決定することも可能だが，得られる数字からは通常の AHP 法の意味は失われている．そこで，ここでは，得られた TFN のままで比較することにした．それは，TFN の帰属度をグラフ化し，グラフどうしの関係を見て比較することである．図からは直観的に優劣を判定することができ，帰属度の広がり具合などの質的な観点から比較・分析が可能になるというメリットがある．

ここまで述べた内容をふまえ，つぎの例題を考えてみよう．

例題 5.4

購入する中古車の決定をファジィAHP 法で処理する．ただし，評価項目は価格と使用状況の 2 点とし，選択対象は車種 A，B，C であるとする．新車と異なり一対比較はかなり曖昧になるので，一対比較をファジィ比較した．評価項目間のファジィ一対比較行列は表 5.9 のとおりであったとする．3 車の比較をせよ．価格と使用状況の一対比較行列は表 5.10 である．

表 5.9 ファジィ一対比較行列

購入する車の決定	価格	使用状況
価格	$\tilde{1}$	$\tilde{7}$
使用状況	$1/\tilde{7}$	$\tilde{1}$

表 5.10 ファジィ一対比較行列

価格	車種 A	車種 B	車種 C	使用状況	車種 A	車種 B	車種 C
車種 A	$\tilde{1}$	$\tilde{2}$	$\tilde{3}$	車種 A	$\tilde{1}$	$1/\tilde{2}$	$1/\tilde{2}$
車種 B	$1/\tilde{2}$	$\tilde{1}$	$\tilde{2}$	車種 B	$\tilde{2}$	$\tilde{1}$	$\tilde{1}$
車種 C	$1/\tilde{3}$	$1/\tilde{2}$	$\tilde{1}$	車種 C	$\tilde{2}$	$\tilde{1}$	$\tilde{1}$

▶ **解** 一対比較で必要になる TFN の逆数を定義にもとづいて計算したのが，表 5.11

である．

　車を選ぶという観点で評価項目の一対比較値は，表 5.12 のようになった．価格に関してA，B，Cの 3 車種の一対比較した結果は，表 5.13 のようになった．使用状況に関してA，B，Cの 3 車種の一対比較した結果は，表 5.14 のようになった．

　以上の結果をもとに，ファジィAHP法の計算を実行する．表からわかるとおり，幾何平均値もウエイトもTFNだが，本来の意味でのウエイトになっているのは，中央値だけである．

　ここで，代表通常数を利用してウエイトを計算する方法はファジィ数を用いて評価する場合の常套手段として知られる手法であり，これを用いて，各評価項目の順序を付けることは優越するという概念を利用すれば可能である．ここでは，総合評価値に代表通常数を利用した方法を説明しておく．

表 5.11　価格と使用状況のファジィ一対比較行列

ファジィ数	帰属度（TFN）
$1/\tilde{1}$	$(1/2, 1, 1)$
$1/\tilde{3}$	$(1/4, 1/3, 1/2)$
$1/\tilde{5}$	$(1/6, 1/5, 1/4)$
$1/\tilde{7}$	$(1/8, 1/7, 1/6)$
$1/\tilde{9}$	$(1/10, 1/9, 1/8)$

表 5.12　「購入する車の決定」を評価観点としたウエイトの TFN

購入する車の決定	価格	使用	幾何平均の TFN	ウエイトの TFN
価格	$\tilde{1}$	$\tilde{7}$	$(2.45, 2.65, 4.00)$	$(0.53, 0.87, 1.43)$
使用	$1/\tilde{7}$	$\tilde{1}$	$(0.35, 0.38, 0.58)$	$(0.08, 0.13, 0.21)$
縦計	-	-	$(2.80, 3.03, 4.58)$	$(0.61, 1.00, 1.64)$

表 5.13　「価格」を評価観点としたウエイトの TFN

価格	車種A	車種B	車種C	幾何平均の TFN	ウエイトの TFN
車種A	$\tilde{1}$	$\tilde{2}$	$\tilde{3}$	$(1.26, 1.82, 2.88)$	$(0.22, 0.54, 1.16)$
車種B	$1/\tilde{2}$	$\tilde{1}$	$\tilde{2}$	$(0.79, 1.00, 1.82)$	$(0.14, 0.30, 0.61)$
車種C	$1/\tilde{3}$	$1/\tilde{2}$	$\tilde{1}$	$(0.44, 0.55, 1.00)$	$(0.08, 0.16, 0.40)$
縦計	-	-	-	$(2.49, 3.37, 5.70)$	$(0.44, 1.00, 1.17)$

表 5.14　「使用状況」を評価観点としたウエイトの TFN

使用状況	車種A	車種B	車種C	幾何平均の TFN	ウエイトの TFN
車種A	$\tilde{1}$	$1/\tilde{2}$	$1/\tilde{2}$	$(0.48, 0.63, 1.26)$	$(0.09, 0.20, 0.51)$
車種B	$\tilde{2}$	$\tilde{1}$	$\tilde{1}$	$(1.00, 1.26, 2.29)$	$(0.19, 0.40, 0.92)$
車種C	$\tilde{2}$	$\tilde{1}$	$\tilde{1}$	$(1.00, 1.26, 2.29)$	$(0.19, 0.40, 0.92)$
縦計	-	-	-	$(2.48, 3.15, 5.24)$	$(0.47, 1.00, 2.35)$

　代替案Aの総合評価値をTFNで求めてみよう．

　車を選定するという観点での評価基準のウエイト（TFN）は，

$$\text{価格} = (0.53, 0.87, 1.43), \quad \text{使用状況} = (0.08, 0.13, 0.21)$$

であり，価格という観点での車種A，B，Cのウエイト（TFN）はつぎのとおりである．

$$\tilde{A}_{価格} = (0.22, 0.54, 1.16), \quad \tilde{B}_{価格} = (0.14, 0.30, 0.61),$$
$$\tilde{C}_{価格} = (0.08, 0.16, 0.40)$$

また，使用状況という観点での車種A，B，CのウエイトのTFNは，

$$\tilde{A}_{使用状況} = (0.09, 0.20, 0.51), \quad \tilde{B}_{使用状況} = (0.19, 0.40, 0.92),$$
$$\tilde{C}_{使用状況} = (0.19, 0.40, 0.92)$$

である．これを用いて総合評価値のTFNを計算すると，たとえば車種Aならば，

$$\begin{aligned}
車種\tilde{A}の総合評価値 &= 価格 \otimes \tilde{A}_{価格} \oplus 使用状況 \otimes \tilde{A}_{使用状況} \\
&= (0.53, 0.87, 1.43) \otimes (0.22, 0.54, 1.16) \\
&\quad \oplus (0.08, 0.13, 0.21) \otimes (0.19, 0.20, 0.51) \\
&= (0.12, 0.47, 1.66) \oplus (0.02, 0.03, 0.11) \\
&= (0.14, 0.50, 1.77)
\end{aligned}$$

となる．同様の計算によって，次式が得られる．

$$車種\tilde{B}の総合評価値 = (0.09, 0.31, 1.06)$$
$$車種\tilde{C}の総合評価値 = (0.12, 0.39, 1.51)$$

代表通常数を計算するとつぎのようになる．

$$\widehat{\tilde{A}} = \frac{0.14 + 2 \times 0.50 + 1.77}{4} = 0.728$$

$$\widehat{\tilde{B}} = \frac{0.09 + 2 \times 0.31 + 1.06}{4} = 0.443$$

$$\widehat{\tilde{C}} = \frac{0.12 + 2 \times 0.39 + 1.51}{4} = 0.603$$

よって，代表通常数は，A＞C＞Bの順であることがわかる．よって，車種Aがもっとも良く，2番目が車種C，3番目が車種Bとなる．　■

総合評価値は説明のとおりだが，これをグラフ化したのが図5.13である．TFNがこのとおりであったとすれば，代表通常数の大小がそのままランクの大小になっている．つまり，定量的な値が欲しいのであれば，代表通常数を利用し，ファジィ数のま

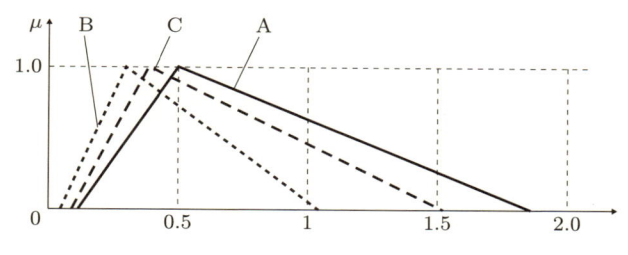

図 5.13 A, B, C の比較グラフ

まで質的な比較をしたいのであれば，グラフを利用すればよい．

演習問題

5.1 「3 ぐらい」を $\tilde{3} = 0.4/2 \vee 1.0/3 \vee 0.6/4$ として，「6 ぐらい」というファジィ数の帰属度を (1) $\tilde{3} \oplus \tilde{3}$, (2) $2 \otimes \tilde{3}$ の 2 通りから求めよ．

5.2 作業 A～E の所要時間について，何人かの専門家の意見を集約して表 5.15 を得た．この表をもとにして，悲観的（メジャー）な場合と楽観的（マイナー）な場合の CP を求めよ．

表 5.15

作業	先行作業	メジャー TFN	マイナー TFN
A	なし	(5, 6, 8)	(4, 5, 7)
B	なし	(3, 4, 6)	(2, 4, 5)
C	A, B	(2, 3, 4)	(1, 2, 3)
D	A	(5, 8, 9)	(3, 7, 8)
E	C, D	(3, 4, 5)	(2, 3, 4)

5.3 つぎのファジィ不等式を解き，最適解を求めよ．

$$3x + 4y \preceq 60,\ d_1 = 5 \tag{5.22}$$

$$3x + 2y \preceq 42,\ d_2 = 3 \tag{5.23}$$

$$5x + 4y \succeq 80,\ d_3 = 10 \tag{5.24}$$

$$x \geq 0, y \geq 0 \tag{5.25}$$

ただし，d_1～d_3 はファジィ数の許容変動幅とする．

5.4 ある評価観点 H のもとで，代替案 A, B を一対評価した結果が表 5.16 である．各評価値をファジィ数とみなして A, B の幾何平均値とウエイトを求め，その評価値の帰属度分布を調べ，それによって，評価観点 H のもとでの A, B の順序を調べよ．

表 5.16 一対比較行列

H	A	B
A	1	4
B	1/4	1

第6章 ゲーム理論

　囲碁や将棋あるいはトランプやテレビゲームなどは，相手の「手」を先読みし，自分に有利となる作戦を練る．また，実生活のなかでは会社間の競争やネットオークションなどでも同様に戦略を立てて考える．

　このように，一方はより多くの利益を得ようとし，一方はそれを阻止しようとする状態を，**競争状態**にあるという．二人以上のものが競争状態にあるとき，得点（利益）を多く得るための方策を考える問題を数学的に扱ったものが，数学者ノイマン（J. von Neumann）が体系化した**ゲーム理論**（theory of game）である．

▶ 6.1　ゲーム理論の基礎

ゲームは，参加者の数，ゲームのルール，得点などによって分類される．

- 参加者の数によって，n 人ゲーム（n-person game）という．野球などの複数人で行うゲームでも，チームで勝敗を競うのであれば，そのチーム数が参加者の数となる．相手がいなければゲームが成立しないので，最小の人数は 2 人である．

- 自分が実行する手段を**手**とか**戦術**という．手が選択できる順番を**手番**（move）という．手が有限通りの場合を**有限ゲーム**（finite game），無限の場合を**無限ゲーム**（infinite game）という．有限ゲームには，「10 回戦勝負」のように，強制的に手番を有限で打ち切ることがある．これを，**ストップルール**（stop rule）という．

- ゲーム参加者の合計得点が 0 の場合を**ゼロ和ゲーム**（zero-sum game）といい，0 にならない場合を**非ゼロ和ゲーム**（non-zero-sum game）という．陣地取りのように，一方が点をとると，もう一方はその点数分の点を取られるのがゼロ和ゲームである．それに対して，多くのスポーツのように，点を取り合うゲームは，非ゼロ和ゲームである．

ゲームの内容を考えるにあたっては，ゲームに鞍点があるかどうかで，その後の

6.1 ゲーム理論の基礎

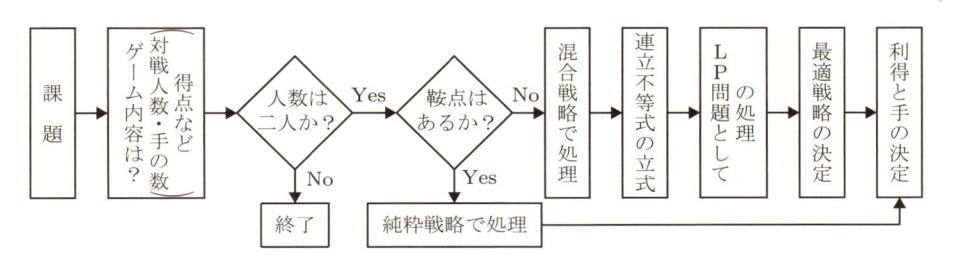

```
課題 → 得点など対戦人数・手の数ゲーム内容は？ → 人数は二人か？ →[Yes] 鞍点はあるか？ →[No] 混合戦略で処理 → 連立不等式の立式 → LP問題としての処理 → 最適戦略の決定 → 利得と手の決定
                                              [No]↓                    [Yes]↓
                                              終了                     純粋戦略で処理
```

図 6.1 ゲーム理論の流れ

戦略の立て方が大きく変わる．ゲーム理論で課題を考えるときの流れを図 6.1 に示す．つぎの問題を考えてみよう．

例題 6.1

父が息子に小遣いをあげるにあたり，つぎのゲームを提案した．
「表 6.1 に従って，ジャンケンの手とその結果で小遣いの額を決める」
息子ができるだけ多くの小遣いを得るには，どうすればよいだろうか．

表 6.1 小遣いの額

手＼結果	勝ち	あいこ	負け
グー	3000	7000	1000
チョキ	8000	4000	2000
パー	6000	7000	5000

例題 6.1 の金額を千円単位で表し，さらに，父と息子の手と金額を対応するように書き直したものが，表 6.2 である．表からわかるように，手の数はグー，チョキ，パーの 3 種類に限定されており，息子の小遣いはそのまま父の財布のマイナス額になるので，例題 6.1 はゼロ和二人（有限）ゲームである．例題 6.1 の息子が得る利得をまとめた表 6.1 や表 6.2 を**利得行列**（pay-off matrix）または**利得表**（pay-off table）という．ゼロ和二人ゲームの場合，一方の利得表（利益）は，同時にもう一方の利得表（損失）になる．実際の場面では，企業をゲームの参加者として販売競争を考えたり，人と機械を参加者として作業の効率性と正確性を考えたりするなど，内容はさまざまである．

表 6.2 例題 6.1 の利得表

息子の手＼父の手	グー	チョキ	パー
グー	7	3	1
チョキ	2	4	8
パー	6	5	7

なお，A，Bの対戦で，A側の利益を中心にまとめるのであれば，Aの手を行の項目（縦）に，Bの手を列の項目（横）におく．

6.1.1 最適な戦略

たとえば，ジャンケンで三回勝つまで対戦する場合のように，1回だけで終わらず，何回か繰り返し，最終的な結果を競うゲームもある．このような場合は，最終的に勝つための道筋を考えることになる．これは，手を組み合わせることであり，**戦略**（strategy）という．2人のプレーヤーをA，Bとして，ゲームを行うとき，勝つための戦略の代表的なものとして，純粋戦略と混合戦略がある．二つの戦略を順に説明していこう．なお，ここでは，参加者A，Bによる二人ゲームとする．また，Aの戦術（手）がm種であり，Bの戦術（手）がn種であるとし，Aが戦術iをとり，Bが戦術jをとったときのAの利得をa_{ij}で表す．a_{ij}はm行n列の行列の形に表すことができ，これを**利得行列**（利得表）とか**支払行列**という．

(1) 純粋戦略

ジャンケンで，相手がグーを出すことがわかっていれば，必ずパーを出すだろう．このように，参加者がなんらかの手を確定的に選択することが可能な場合に勝つためにとる戦略を，**純粋戦略**（pure strategy）という．この場合は，対戦を実行するたびに，同じ手を出すことになる．ある戦略をとるとき，必ず勝つことができるかどうかはわからない．そこで，お互いにある戦略をとる場合に，勝つための方策があるかどうかを考えてみよう．なお，「手（戦術）iをとる」と「戦略iをとる」とは同じ意味をもつ．

例題6.1を息子と父それぞれの立場で考えてみよう．

［息子の視点］当然，もっとも利益が得られる手を出すべきであるが，同時に，対戦相手である父はもっとも損失が少ない手を出すことが考えられるので，予想される父の手（損失がもっとも少ないような手）のなかで，息子がもっとも利益が得られる手を選ぶのがよい．この戦略を**マクシミン戦略**（max-min strategy）という．数式で表すと，息子が戦術iをとったとすれば，得られる利益V_1は少なくとも$a_{ij}(j=1,\ldots,n)$の最小値を下回ることはないので，つぎのようになる．

$$\max_{1\leq i\leq m}\min_{1\leq j\leq n} a_{ij} = V_1 \tag{6.1}$$

［父の視点］当然，息子とは逆に，もっとも損失が抑えられる手を出すべきであるが，同時に，対戦相手の息子はもっとも利益が多くなる手を出すことが考えられるので，予想される息子の手（利益がもっとも多い）のなかで，もっとも損失が抑えられる手を選ぶのがよい．この戦略を**ミニマックス戦略**（min-max strategy）という．数

式で表すと，父が戦術 j をとったとすれば息子が得られる利益は高々 $a_{1j}, a_{2j}, \ldots, a_{mj}$ の最大値であり，父はこの息子の利益をなるべく小さくしたいという戦術をとるから，得られる利益 V_2 は，つぎのようになる[1]．

$$\min_{1 \leq j \leq n} \max_{1 \leq i \leq m} a_{ij} = V_2 \tag{6.2}$$

息子の利得を二つの視点から考えたが，V_1 と V_2 が一致するならば，両者の要求は満たされる手ということになる．このとき，このゲームには純粋戦略が存在するという．このような純粋戦略が，息子は戦術 i^* をとり，父は戦術 j^* をとったときであるとすると，このとき，$V_1 = V_2 = a_{i^*j^*}$ が成り立つ．この戦術の組 (i^*, j^*) を**鞍点**（saddle point）といい，そのときの利得の値を V^* とおくと，V^* を**ゲームの値**（game value）という．また，(i^*, j^*, V^*) を**均衡解**（equiblium solution）という．なお，一般的に**マクシミン値とミニマックス値の関係**というつぎの関係式の成り立つことが知られている．

$$V_1 = \max_i \min_j a_{ij} \leq \min_j \max_i a_{ij} = V_2$$

A（息子）は利益を多くしようとし，B（父）は利益を少なくしようとするから，図 6.2 のように A がとる手の一つをとり，B がとる手の一つをとるとき，これが交わったところが決定した戦略になる．この様子を図で表したものが馬の鞍に似ていることから最適点を鞍点という．

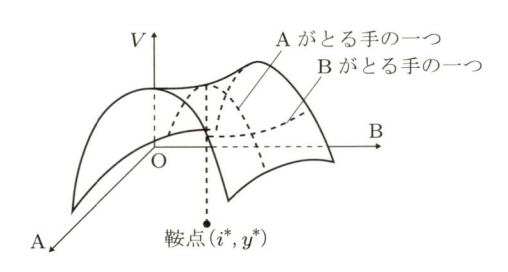

図 6.2 鞍点

以上から，純粋戦略があれば，解法に鞍点を利用する方法が考えられる．そこで，例題 6.1 をこの観点から考えてみよう．

▶ **例題 6.1 の解**　利得表を利用して鞍点があるかどうか調べる．利得表（表 6.2）に

---

[1] A の視点でも，B の視点でも，いずれも共通の原理である**ミニマックス原理**（mini-max principle）がはたらいているといわれる．というのは，A の視点を「正の利益」，B の視点を「負の利益」と考えれば，いずれも同じ原理が背景にあるからである．

表 6.3 例題 6.1 の利得表

息子の手 \ 父の手	グー	チョキ	パー	行の $\min_j$
グー	$\overline{7}$	3	$\underline{1}$	1
チョキ	$\underline{2}$	4	$\overline{8}$	2
パー	6	$\overline{\underline{5}}$	7	5
列の $\max_i$	7	5	8	

注）表中にはわかりやすさを考慮し，行に関する**最小値**に下線を引き，列に関する**最大値**に上線を引いた．この場合，上下に線が引かれた値がゲームの値である．この問題の場合は 5 の上下に線が引かれる．

1 行 1 列増やし，最右列に各行の最小値を，最下行に各列の最大値を記入したのが，表 6.3 である．表から，マクシミン値とミニマックス値を求めるとつぎのようになる．

$$\left.\begin{array}{l} V_1 = \max_i \min_j a_{ij} = \max_i\{1,2,5\} = 5 \\ V_2 = \min_j \max_i a_{ij} = \min_j\{7,5,8\} = 5 \end{array}\right\} \quad (6.3)$$

式 (6.3) から $V_1 = V_2$ となり，鞍点は存在する．ここで，鞍点は $(3, 2)$（息子：パー，父：チョキ）であり，ゲームの値は 5 である．よって，最終的な利得は，5000 円になる．なお，均衡解は（パー，チョキ，5000）である． ∎

(2) 混合戦略

実際のゲームでは，必ずしも鞍点が存在するわけではない．その場合は，純粋戦略では解くことができない．このようなときは，各対戦者がもっている手をある確率で組み合わせて対戦するという戦略を立てる．これが**混合戦略**である．

つぎの例題を考えてみよう．

例題 6.2

表 6.4 の利得行列による A，B の対戦における最適戦略を求めよ．

表 6.4 利得表

A の手 \ B の手	b_1	b_2	行の $\min_j$
a_1	5	2	2
a_2	4	6	4
列の $\max_i$	5	6	

表 6.4 から，マクシミン値とミニマックス値は，

$$\max_i \min_j a_{ij} = \max_i\{2,4\} = 4$$

$$\min_j \max_i a_{ij} = \min_j\{5,6\} = 5$$

となり，鞍点は存在しないことがわかる．つまり，このゲームに純粋戦略は存在しない．そこで，混合戦略で考えてみよう．

A が m 個の戦術（手）をもち，B が n 個の戦術（手）をもって戦うのであれば，A の各戦術を確率 $p_1, p_2, \ldots, p_m$ でもつと考え，B の各戦術は確率 $q_1, q_2, \ldots, q_n$ でもつと考えることにする．なお，確率であるから，$p_i, q_j \geq 0, p_1 + \cdots + p_m = 1, q_1 + \cdots + q_n = 1$ を満たす．

ここで，数字の組み $(p_1, p_2, \ldots, p_m)$ をまとめて文字 $\boldsymbol{p}$ で表し，$(q_1, q_2, \ldots, q_n)$ をまとめて文字 $\boldsymbol{q}$ で表すことにする[1]．このとき，利得行列の成分が a_{ij} であれば，利得の合計は，$\sum_{i=1}^{m} \sum_{j=1}^{n} a_{ij} p_i q_j$ になる．これは，確率でいえば期待値とよばれる値である．この値を**期待利得**といい，$E(\boldsymbol{p}, \boldsymbol{q})$ で表し，つぎの関係式が成り立つ．

$$E(\boldsymbol{p}, \boldsymbol{q}) = \sum_{i=1}^{m} \sum_{j=1}^{n} a_{ij} p_i q_j \tag{6.4}$$

この期待利得に純粋戦略の場合の利得の考え方をそのまま適用すれば，期待利得のマクシミン値とミニマックス値が一致する場合が最適戦略になる．はたして，そのような場合があるかどうか疑問だが，実はつぎの**ミニマックス定理**の成り立つことが知られている．それは，式(6.5)を満たす戦略 $\boldsymbol{p}$，$\boldsymbol{q}$ が必ず存在するという定理である．

$$\max_{\boldsymbol{p}} \min_{\boldsymbol{q}} E(\boldsymbol{p}, \boldsymbol{q}) = \min_{\boldsymbol{q}} \max_{\boldsymbol{p}} E(\boldsymbol{p}, \boldsymbol{q}) \tag{6.5}$$

つまり，混合戦略には必ず最適戦略が存在することをミニマックス定理は保証しているのである．

上記定理の $\boldsymbol{p}$，$\boldsymbol{q}$ を**最適混合戦略**という．このときの期待利得 w はゲームの値であり，さらに組 $(\boldsymbol{p}, \boldsymbol{q}, w)$ は**均衡解**である．

実際の問題を解く際にはつぎの定理が便利である．たとえば，$\boldsymbol{e_2} = (0, 1, 0 \cdots, 0)$ のように，i 番目の成分が 1 でほかの成分が 0 の純粋戦略を文字 $\boldsymbol{e_i}$ で表現すると，つぎの**純粋戦略と混合戦略の関係定理**の成り立つことが知られている．

$$E(\boldsymbol{e_i}, \boldsymbol{q^*}) \leq E(\boldsymbol{p^*}, \boldsymbol{q^*}) \leq E(\boldsymbol{p^*}, \boldsymbol{e_j}) \tag{6.6}$$

ここで，$1 \leq i \leq m, 1 \leq j \leq n$ である．

この定理を用いて例題 6.2 に取り組んでみよう．

---

[1] この表現では，i 番目の手をとる確率を p_i で表していることに注意すること．たとえば $p_2 = 0.3$ とは，2 番目の手をとる確率は 0.3 になる．

104　第6章　ゲーム理論

▶ **例題 6.2 の解**　式(6.6)を用いて，最適な期待利得を求める．

$$E(\boldsymbol{p}^*, \boldsymbol{q}^*) = w$$

と書くことにすると，式(6.6)から

$$E(\boldsymbol{p}^*, \boldsymbol{e}_j) \geq w$$

が成り立つから，

$$E(\boldsymbol{p}^*, \boldsymbol{e_1}) \geq w$$
$$E(\boldsymbol{p}^*, \boldsymbol{e_2}) \geq w$$

が成り立つ．これを具体的に書けばつぎのようになる．ただし，$\boldsymbol{p}^*$ の成分を (x_1, x_2) で表すことにする．

$$\left.\begin{array}{l} 5x_1 + 4x_2 \geq w \\ 2x_1 + 6x_2 \geq w \\ x_1 + x_2 = 1, \quad x_1 \geq 0, \quad x_2 \geq 0 \\ w : (\text{最大化}) \end{array}\right\} \quad (6.7)$$

以上を満たす x_1，x_2，w を求めることが，この例題の目的である．式(6.7)の不等式群は $x_2 = 1 - x_1$ が成り立つから，つぎの不等式群になる．これを図示したものが図6.3である．

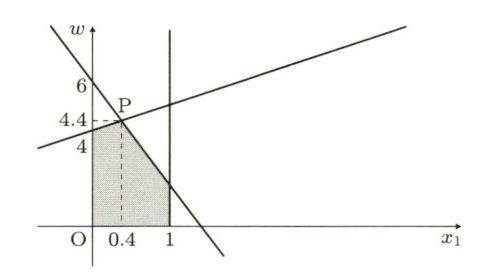

$$\left.\begin{array}{l} x_1 + 4 \geq w \\ -4x_1 + 6 \geq w \\ 0 \leq x_1 \leq 1 \\ w : (\text{最大化}) \end{array}\right\} \quad (6.8)$$

図 6.3　混合戦略：図解法

図から w は点 P で最大値をとる．連立方程式を解けば，P の座標が求められ，つぎの解になる．

$$x_1 = 0.4, \quad x_2 = 0.6, \quad w = 4.4 \tag{6.9}$$

つまり，式 (6.9) の w からゲームの値は 4.4 である．

なお，解法はこの方法だけでなく，以下に示す別解「$E(e_i, q^*) \leq w$ を満たす w の最小値を求める方法」で解くことも可能である．

▶ **例題 6.2 の別解**　q^* の成分を (y_1, y_2) とおくと，上記の解と同様にして，次式が得られる．

$$\left.\begin{array}{l} 5y_1 + 2y_2 \leq w \\ 4y_1 + 6y_2 \leq w \\ y_1 + y_2 = 1, \quad y_i \geq 0 (i=1,2) \\ w:(\text{最小化}) \end{array}\right\} \tag{6.10}$$

一文字消去して，

$$3y_1 + 2 \leq w, \quad -2y_1 + 6 \leq w, \quad 0 \leq y_1 \leq 1, \quad w:\text{最小化}$$

となる．グラフは図 6.4 となり，連立方程式を解けばつぎの解が得られる．

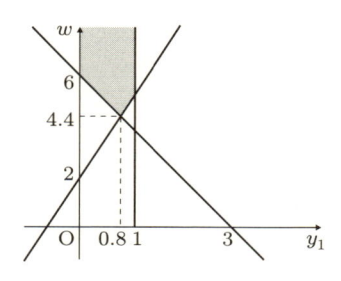

$$y_1 = 0.8, \quad y_2 = 0.2, \quad w = 4.4\,(\text{最小値})$$

図 6.4　混合戦略：図解法（別解）

6.1.2　混合戦略（未知数が 3 以上の場合）

w を含め未知数の数が 2 に絞られるならば図解法でよいが，未知数の数が 3 以上になるようであれば，図解法では対応できない．この場合は計算が面倒なので，ソルバーを使うことにする．

例題 6.3

表 6.5 の利得表において，最適戦略を求めよ．

表 6.5 利得表

A の手\B の手	b_1	b_2	b_3	行の $\min_j$
a_1	5	3	2	2
a_2	4	6	2	2
a_3	3	4	5	3
列の $\max_i$	5	6	5	

▶ **解** この場合は

$$\max_i \min_j a_{ij} = \max_i\{2,2,3\} = 3, \quad \min_j \max_i a_{ij} = \min_j\{5,6,5\} = 5$$

であるから，鞍点は存在しない．よって，混合戦略になる．さらに，利得行列が 3 行 3 列であるからソルバーを使用する．

立式にあたっては，A について考えても B について考えても残る未知数は 3 である．式 (6.6) から，$E(\boldsymbol{p}^*, \boldsymbol{q}^*) = w$ とおけば次式が成り立つ．

$$E(\boldsymbol{p}^*, \boldsymbol{e_1}) \geq w$$
$$E(\boldsymbol{p}^*, \boldsymbol{e_2}) \geq w$$
$$E(\boldsymbol{p}^*, \boldsymbol{e_3}) \geq w$$

$\boldsymbol{p}^*$ の成分を (x_1, x_2, x_3) とおくと，

$$\left.\begin{array}{l} 5x_1 + 4x_2 + 3x_3 \geq w \\ 3x_1 + 5x_2 + 4x_3 \geq w \\ x_1 + 2x_2 + 6x_3 \geq w \\ x_1 + x_2 + x_3 = 1 \\ x_1 \geq 0, \quad x_2 \geq 0, \quad x_3 \geq 0 \\ w : (\text{最大化}) \end{array}\right\} \quad (6.11)$$

となり，$x_3 = 1 - x_1 - x_2$ であるから，これを用いて x_3 を消去すると，式 (6.11) の不等式群はつぎのようになる．

$$\left.\begin{array}{l} 2x_1 + x_2 + 3 \geq w \\ -x_1 + x_2 + 4 \geq w \\ -5x_1 - 4x_2 + 6 \geq w \\ x_1 + x_2 \leq 1 \\ x_1 \geq 0, \quad x_2 \geq 0 \\ w : (最大化) \end{array}\right\} \quad (6.12)$$

式 (6.12) を解くと，つぎの結果が得られる．

$$x_1 = 0.333, \quad x_2 = 0.133, \quad x_3 = 0.533, \quad w = 3.8$$

よって，A は手 a_1, a_2, a_3 をそれぞれ確率 $0.33, 0.13, 0.53$ でとることが最適な戦略である． ∎

6.2 そのほかの例題

ゲーム理論の基本的な考え方は，前節で述べたとおりだが，利得行列に負の要素が入ったり，値が大きすぎて計算が厄介であったり，あるいは，利得行列の行数や列数が大きくなってしまった場合は，処理するには困難を伴うことがある．そこで，本節では，現在わかっている手法のなかで，便利なものをいくつか説明しよう．

6.2.1 混合戦略（利得行列を加工する方法）

利得行列に負の要素が含まれる場合は，すべての要素に一定の値を加え，すべての要素が正の値になるようにして解いてもよいことが知られている．ただし，ゲームの値は加えた数を差し引いて求める．

つぎの例題を考えてみよう．

例題 6.4

表 6.6 の利得行列の最適値を求めよ．

表 6.6 利得表

A の手 \ B の手	b_1	b_2	行の $\min_j$
a_1	4	3	3
a_2	-2	8	-2
列の $\max_i$	4	8	

▶ **解** まず，例題 6.2 と同様に図解法で求めることにする．

表 6.6 から，つぎの連立不等式を得る．

$$\left.\begin{array}{l} 4x_1 - 2x_2 \geq w \\ 3x_1 + 8x_2 \geq w \\ 0 \leq x_1 \leq 1 \\ w : （最大化） \end{array}\right\} \tag{6.13}$$

式 (6.13) を解くと，つぎのようになる．

$$x_1 = \frac{10}{11}, \quad x_2 = \frac{1}{11}, \quad w = \frac{38}{11} \tag{6.14}$$

つぎに，利得行列の要素をすべて正の数にして解いてみよう．表 6.6 の各要素に 3 を加えたものが表 6.7 である．

表 6.7　変形させた利得表

A の手 \ B の手	b_1	b_2	行の $\min_j$
a_1	7	6	6
a_2	1	11	1
列の $\max_i$	7	11	

表 6.7 からつぎの連立不等式を得る．

$$\left.\begin{array}{l} 7x_1 + x_2 \geq w' \\ 6x_1 + 11x_2 \geq w' \\ 0 \leq x_1 \leq 1 \\ w' : （最大化） \end{array}\right\} \tag{6.15}$$

式 (6.15) を解くと，

$$x_1 = \frac{10}{11}, \quad x_2 = \frac{1}{11}, \quad w' = \frac{71}{11}$$

となる．x_1, x_2 は式 (6.14) と同様の解であるが，w と w' は異なる．しかし，w' から各要素に加えた値 3 を引けば，つぎのようになり，式 (6.14) と一致する．

$$w' - 3 = \frac{71}{11} - 3 = \frac{71 - 33}{11} = \frac{38}{11}$$

∎

6.2.2　混合戦略の縮約（優越性を考慮した解法）

A の二つの戦略 i, j をとったときの利得を比較したとき，B がどのような戦略をとっ

てもAのiの利得のほうがjの利得より良い場合，Aの戦略iはAの戦略jに**優越**（dominance）するという．このように，ほかの戦略によって優越される戦略があるならば，その戦略をとることはあり得ない．この場合，優越される戦略は表から除いても問題ない．同様に，Bの二つの戦略i, jについては，Aがどのような戦略をとっても，iの損失がjの損失より少ないのであれば，戦略iは戦略jに優越するという．これは，Bの損失が，"負の利益"であると考えれば「優越する」という同じ用語を用いるのは妥当である．よって，Bについても，A同様に，優越するiを残し，優越されるjを除いてもよいことになる．ただし，戦略の一部は一致していてもよい．

具体的には，Aについては，i行の利得をほかのj行と比較したとき，i行のすべての成分がj行のすべての成分より大きいのであれば，そのときは，図6.5のようにi行を残し，j行は削除する．これをゲームの**縮約**（contraction）という．Bについては，i列の損失をほかのj列の損失と比べるとき，損失が少ないほうが優越することになるから，k列の損失がl列の損失より少ないのであれば，図6.6のようにk列を残し，l列を削除する．

利得行列が行数や列数が大きい問題は，縮約が可能ならば検討すべきである．なお，優越によって行や列を削除しても，マクシミン値とミニマックス値は変化しない．

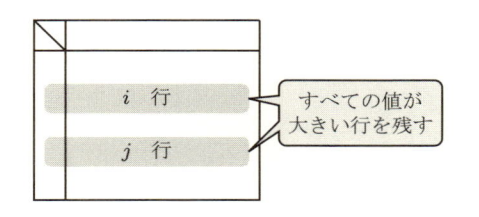

図6.5 行のゲームの縮約　　　　図6.6 列のゲームの縮約

例題 6.5

表6.8の利得表の最適戦略を求めよ．

表6.8 利得表

Aの手＼Bの手	b_1	b_2	b_3	行の $\min_j$
a_1	1	−1	4	−1
a_2	0	1	−4	−4
a_3	5	2	−4	−4
列の $\max_i$	5	2	4	

▶ **解** Aに関して，戦略 a_2 と a_3 の数字を比較すると，一部は等しいが，a_3 の戦略は a_2 の戦略に優越している．つまり，優越の定義によって，2行目の戦略は削除することができる．以上から，表 6.9 を得る．

さらに，b_1 の列に並ぶ数字と b_2 の列に並ぶ数字を比較すると，b_2 の列のほうが b_1 の列より優越している．よって，優越の定義から b_1 の列に並ぶ数字は削除し，再縮約後の利得行列（表 6.10）を得る．

表 6.9　縮約後の利得表

Aの手＼Bの手	b_1	b_2	b_3	行の $\min_j$
a_1	1	−1	4	−1
a_3	5	2	−4	−4
列の $\max_i$	5	2	4	

表 6.10　再縮約後の利得表

Aの手＼Bの手	b_2	b_3	行の $\min_j$
a_1	−1	4	−1
a_3	2	−4	−4
列の $\max_i$	2	4	

再縮約後はAの手が2通りで，Bの手が2通りという簡単な問題になり，例題の 6.2 と同様にして解くことができる．解答は省略するが，答えは手 a_1, a_2, a_3 をそれぞれ確率 0.55, 0, 0.45 でとることが最適な戦略となる．■

演習問題

6.1 表 6.11(a), (b) の利得表に関して，鞍点があるかどうか調べ，鞍点があれば最適解を求めよ．

表 6.11　利得表

(a) 3行3列の場合

Aの手＼Bの手	b_1	b_2	b_3
a_1	2	1	5
a_2	4	2	2
a_3	3	3	4

(b) 3行4列の場合

Aの手＼Bの手	b_1	b_2	b_3	b_4
a_1	6	5	4	1
a_2	2	1	3	1
a_3	5	5	6	2

6.2 表 6.12(a), (b) の各場合について，最適な混合戦略を求めよ．

表 6.12　利得表

(a) 2行3列の場合

Aの手＼Bの手	b_1	b_2	b_3
a_1	1	3	4
a_2	7	5	2

(b) 3行3列の場合

Aの手＼Bの手	b_1	b_2	b_3
a_1	5	4	2
a_2	4	3	6
a_3	3	5	1

6.3 表 6.13(a),(b)の利得表で与えられたゼロ和二人ゲームを縮約可能な場合は縮約し,最適な戦略を求めよ.

表 6.13 利得表

(a) 2 行 3 列の場合

A の手 \ B の手	b_1	b_2	b_3
a_1	1	6	4
a_2	5	0	1

(b) 3 行 3 列の場合

A の手 \ B の手	b_1	b_2	b_3
a_1	4	4	2
a_2	5	3	4
a_3	2	0	3

6.4 表 6.14 の利得表の成分を正の値に変換し,最適混合戦略とゲームの値を求めよ.

表 6.14 利得表

A の手 \ B の手	b_1	b_2	b_3
a_1	-2	4	1
a_2	3	1	3
a_3	-3	2	2

6.5 ある事件の容疑者 2 人が逮捕され,別々に取り調べを受けた.なお,取り調べが始まる前に,つぎの内容が 2 人に伝えられた.

1) 「黙秘」か「自白」のどちらかを選択できること.
2) もし 2 人ともに黙秘であった場合は,2 人は 3 年の懲役になること.
3) もし 2 人とも自白した場合は,2 人は 7 年の懲役になること.
4) もし 1 人が自白し,もう 1 人が黙秘した場合は,自白した者は 1 年の懲役になり,黙秘した者は 10 年の懲役になること.

なお,2 人は事前に相談することはできず,相手がどちらを選択したかはわからないものとする.以上の状況の下で,どのような意思決定が最適か考察せよ.

第7章 待ち行列理論

　病院で，なかなか自分の番が回ってこないためのイライラを経験した人は少なくないと思う．このとき，もし待ち人数などから待ち時間が予測できれば，気持ちはかなり楽になるだろう．

　この例のように，客が来てある種のサービスを受けるという状況で，"待っている人数"や"待ち時間"がどうなるかなど，これに伴うさまざまな値を求めるために考えられたのが**待ち行列理論**（queuing theory）である．この理論は，1909年にアーラン（A.K. Erlang）が電話回線の混雑状況を研究したのが始まりである．本章では，待ち行列を学ぶうえで必要不可欠な統計の基礎から始め，待ち行列の基礎を説明する．

7.1 待ち行列理論で利用する各種分布式

　統計的なデータの分布の状態を表現する式を**統計的な分布式**という．具体的なイメージは，図7.1のようなヒストグラムの頂点を結んでできる折れ線グラフを式で表現したものと理解すればよい[1]．

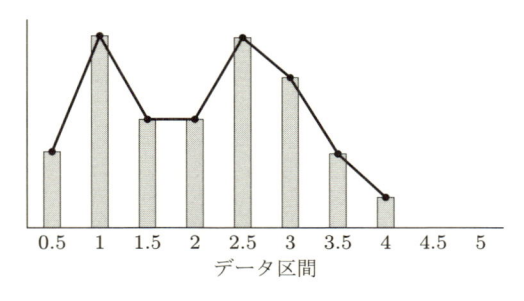

図7.1　単位分布

---

[1] ヒストグラムの階級幅を0に近づければ，折れ線は滑らかな曲線に近づく．詳しくは，参考図書[14]など数理統計学の書籍参照．

分布式にはさまざまなものがあり，実際の事例では，分布型が特定できないような分布も対象になるが，本章では，代表的な，不規則（ランダム）な現象を表現するポアソン分布と指数分布を説明する．

ここでは，分布の概形，分布を表す式，分布の平均と分散の値，さらに，分布の利用例などをまとめておく．ここで，**平均**とは，データがどこに集まっているかを示す指標であり，**分散**とは，データの散らばり具合を示す指標である．

各値をとる確率が定まっている変数を**確率変数**といい，確率変数 T の平均と分散をそれぞれ $E(T)$，$V(T)$ で表す．確率変数 T が値 t をとるとりやすさを表す関数のことを**（確率）密度関数**という．また，T が S という分布に従うとき，$T \sim S$ と表す．

代表的な分布を紹介しよう．

(1) 単位分布： $D(a)$

密度関数 $f(t)$ が

$$f(t) = \begin{cases} 1 & (t = a) \\ 0 & (t \neq a) \end{cases} \tag{7.1}$$

で表される分布を**単位分布**（deterministic）といい，$D(a)$ と表す．この分布の平均は a，分散は 0 であり，図示すると図 7.2 のようになる．単位分布は，一点の可能性しかない場合で，これは一定時間に客が来るような到着の分布，あるいは一定の到着時間間隔を表現するものである．単位分布の平均や分散はつぎのようになる．

$$T \sim D(a) \text{ ならば，} \quad E(T) = a, \quad V(T) = 0 \tag{7.2}$$

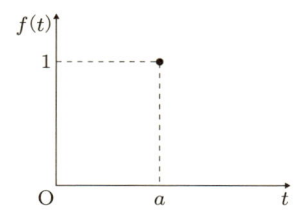

図 7.2 単位分布の密度関数

(2) 指数分布： $Exp(\lambda)$

密度関数 $f(t)$ が $t \geq 0$ の場合に $f(t) = \lambda e^{-\lambda t}$ で表される分布を**指数分布**（exponential distribution）といい，$Exp(\lambda)$ と表す．T が t 以下になる確率 $P(T \leq t)$ を $F(t)$ で表し，**分布関数**という．指数分布の分布関数は，第 8 章で指数乱数を生成する際に利用する．T の分布関数はつぎのようになる．

$$F(t) = 1 - e^{-\lambda t} \tag{7.3}$$

指数分布は，ランダムに到着する人の到着間隔の確率を表す式として知られ，本書では待ち行列で客の到着状況を表したり，ランダムなサービス時間の分布を表現するために利用する．図 7.3 は $\lambda = 2$ の場合のグラフである．なお，指数分布の平均や分散はつぎのようになる．

$$T \sim Exp(\lambda) \text{ ならば,} \quad E(T) = \frac{1}{\lambda}, \quad V(T) = \frac{1}{\lambda^2} \tag{7.4}$$

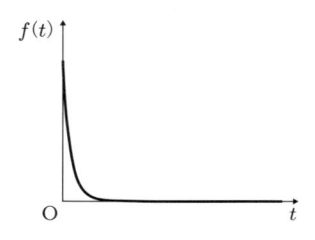

図 7.3 指数分布の密度関数

(3) ポアソン分布： $Po(m)$

離散確率変数 N が n という値をとる確率 $f(n)$ が

$$P(N = n) = f(n) = e^{-m}\frac{m^n}{n!} \quad (m > 0, \quad n = 0, 1, 2, \ldots) \tag{7.5}$$

で表される分布を**ポアソン分布**（Poisson distribution）といい，$Po(m)$ と表す．平均 m の場合のグラフを図 7.4 に示す．グラフは離散分布であるから，折れ線のグラフになる．ポアソン分布の平均と分散はつぎのようになる．

$$N \sim Po(m) \text{ ならば,} \quad E(N) = m, \quad V(N) = m \tag{7.6}$$

ポアソン分布は，めったに起こらない現象を表す分布と考えられている．たとえば，ある品物の需要数とか，店に来る客の人数であるとか，あるいは，一定時間にある地

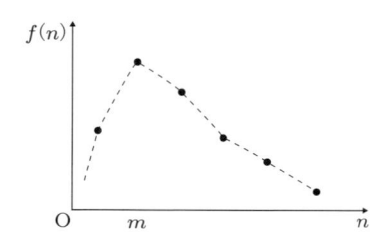

図 7.4 ポアソン分布の密度関数

点を通過する車の台数などはその例である．

(4) アーラン分布：$Er(k, \lambda)$

$t \geq 0$ で定義される密度関数 $f(t)$ が

$$f(t) = \frac{(\lambda k)^k}{(k-1)!} t^{k-1} e^{-\lambda k t} \tag{7.7}$$

で与えられる分布をパラメータ k の**アーラン分布**（Erlang distribution）といい，$Er(k, \lambda)$ と表す．$k = 2$，$\lambda = 4$ の場合のグラフを図 7.5 に示す．アーラン分布の平均と分散はつぎのようになる．

$$T \sim Er(k, \lambda) \text{ ならば，} \quad E(T) = \frac{1}{\lambda}, \quad V(T) = \frac{1}{\lambda^2 k} \tag{7.8}$$

アーラン分布と指数分布と単位分布には，

「$k = 1$ のとき指数分布，$k = \infty$ のとき単位分布になる」

という関係がある．つまり，アーラン分布は，指数分布と単位分布の中間的な分布である．

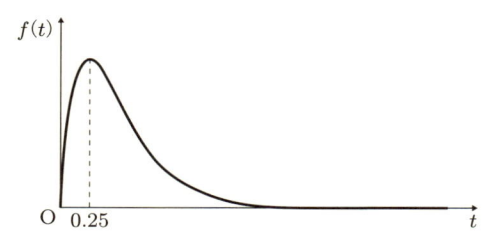

図 7.5　アーラン分布の密度関数

7.2 待ち行列理論の基礎

　待ち行列理論は，ランダムに発生する需要に対してサービスを提供（供給）する場合がモデルケースになっている．最初に述べた例であれば，患者の単位時間あたりの到着人数の分布や，平均診療時間の分布，医者の人数などを反映した分析が待ち行列理論の対象である．図 7.6 は待ち行列理論で課題を考えるときの流れである．

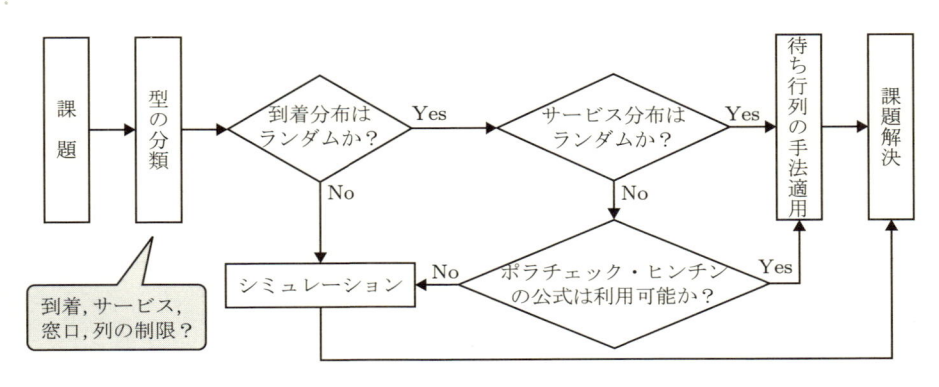

図 7.6 待ち行列理論の流れ

待ち行列に関する事柄をつぎにまとめておこう．

7.2.1 到着分布

一定時間内に到着する客の数の分布を**到着分布**という．到着分布を考える場合は，つぎの条件を満たす**ランダム**な**到着**が一般的に仮定されている．

- **独立性**：客の到着は互いに無関係である．これを**互いに独立**という．
- **定常性**：特定の時間帯に多くなったり少なくなったりすることはない．
- **希少性**：きわめて短い時間（微小時間）に 2 人以上到着することはない．

このような条件をすべて満たす到着人数の分布は，時間間隔 t の間に n 人到着する確率を $P_t(n)$ とおくと，

$$P_t(n) = \frac{(\lambda t)^t e^{-\lambda t}}{n!} \quad (n = 1, 2, \ldots) \tag{7.9}$$

となる．ここで，λ は単位時間に到着する客の数である．

式 (7.5) からわかるように，式 (7.9) はポアソン分布なので，この到着状況を**ポアソン到着**という．この場合，式 (7.5) の m が式 (7.9) では λt であるから，式 (7.6) より平均と分散はいずれも λt になる．グラフは図 7.4 である．ここで，t は与えられた定数である．

ここで，到着という現象は 2 通りの見方をすることができる．一つは，「到着する人数に着目」して分布を考えることであり，もう一つは，「到着する時間の間隔に着目」して分布を考えることである．分布式は，前者はポアソン分布になり，後者は指数分布になる．このように，ランダム到着という同じ現象であっても，見方によってはそれを表現する式が異なる．

7.2.2 サービス分布

窓口のサービス時間の分布を表す式のことを**サービス分布**という．これはランダムな処理時間を考える．また，処理時間は，一人ひとりにかかる時間になるので，これを**処理時間間隔**という．ランダムであることと処理時間は処理にかかる時間であるから，この分布は指数分布である．サービス分布が指数分布である場合，**指数サービス**という．

到着分布とサービス分布は異なる分布式で表されるが，いずれもランダム性に由来する分布式である．このように，過去の履歴に影響されない性質のことを**マルコフ性**（Markov property）という．

ケンドールは，待ち行列はいくつかの要因によって決まっていることに着目し，待ち行列をつぎのように表記することを提案している．

$$\text{到着分布}/\text{サービス分布}/\text{窓口数}（\text{行列の長さ制限}）$$

これを**ケンドールの記号**（Kendall's notation）という．ここで，分布は，マルコフ性をもつ分布であるポアソン分布と指数分布は M，単位分布が D（deterministic），パラメータ k のアーラン分布は Er（Erlang），一般分布は G（general）の略称を用いて表す．たとえば，ポアソン到着，指数サービス，窓口数 s，収容人数に制限なしであれば，$M/M/s(\infty)$ となる．

なお，本書では，分類記号で表現すれば，$M/M/1(\infty)$, $M/M/1(N)$, $M/M/s(\infty)$, $M/G/1(\infty)$ の場合を説明する．実際の問題はこれだけではない．そういった場合に有効な方法がシミュレーションである．シミュレーションの処理方法については第8章で説明する．

待ち行列に関する用語について，説明しておこう（図7.7）．

トラフィック密度（traffic intensity）（または利用率）　窓口の数を s，客の平均到着率（単位時間に到着する人数）を λ，客に対する平均サービス率（単位時間にサービスする人数）を μ とするとき，$\rho = \lambda/(s\mu)$ の値のことである．ここで，ρ の値に関してつぎのことがわかっている．$\rho < 1$ ならば，時間の経過に従い行列の長さは一定の値に近づく（これを**平衡状態**という）が，$\rho \geq 1$ で待ち行列の長さに制限がなければ，待ち行列が時間の経過とともに限りなく長くなってしまう．

系（system）　客がサービスを受けるために来てからサービスを受けて立ち去るまでを指す．

系内滞在人数（system size）（または**系の長さ**）　サービスを受けるために待っ

W_q : 待ち時間
W : 系内時間
L_q : 待ち人数（長さ）
L : 系内人数（長さ）
● : 待っている人
● : サービスを受けている人

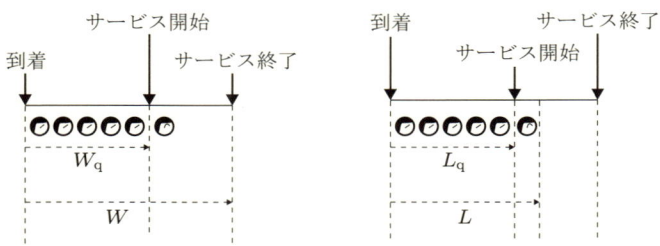

図 7.7 待ち行列で使う用語と記号

ている客の数とサービスを受けている客の数を加えたものを意味し，記号 L で表す．

待ち行列の長さ（queue size）　サービスを受けるために待っている客の数のことである．待ち行列の長さの平均値は，記号 L_q で表す．

L, L_q に対応する時間をそれぞれ W, W_q で表す[1]．

7.2.3　リトルの公式

人数制限がなく，時間的に状態が大きく変わらない**定常状態**ならば，客の到着，サービス時間，窓口数，サービスの方法などに何の仮定もおかずに式 (7.10)〜(7.12) が成り立つ．これを**リトルの公式**（Little's formla）という．

$$L = L_q + \frac{\lambda}{\mu} \quad \text{（系内人数と待ち人数の関係）} \tag{7.10}$$

$$W = W_q + \frac{1}{\mu} = \frac{L}{\lambda} \quad \text{（系内滞在時間と待ち時間の関係）} \tag{7.11}$$

$$W_q = \frac{L_q}{\lambda} \quad \text{（待ち時間と待ち人数の関係）} \tag{7.12}$$

ここで，λ は客の平均到着率 [人/時間]，μ は一つの窓口の平均サービス率 [人/時間]，L は系内（到着してからサービスが終わるまで）にいる客の平均人数，L_q はサービスを待っている人の平均人数，W は系内の平均時間，W_q は到着してからサービスを受けるまでの平均待ち時間のことである．

リトルの公式は，多くの待ち行列モデルに適用可能であり，L, L_q, W, W_q のうち一つがわかっていれば，それを用いてほかのすべての関係式を導くことができ，たいへん便利である．たとえば，W がわかれば，$L_q = L - \lambda/\mu$, $L = \lambda W$ より，$L_q = \lambda W - \lambda/\mu$ となる．

---

[1] たとえば，W は系内の滞在時間である．

この関係式は種々の待ち行列モデルで共通に使える原理である．

7.2.4　ポアソン到着の場合の定常分布

ポアソン到着（＝ランダム到着）を仮定し，$P_n(t)$ を"時刻 t で系（システム）のなかに客が n 人いる確率"とする（このとき，$P_n(t)$ を**状態確率**という）．このとき，トラフィック密度 ρ が 1 より小さいならば，t を十分大きな値にとれば $P_n(t)$ は t に依存しない一定の値 P_n に近づくことが証明されている．つまり，$0 < \rho < 1$ ならば $\lim_{t \to \infty} P_n(t) = P_n$ が成り立つ．この P_n $(n = 0, 1, 2, \ldots)$ を**定常分布**という．さらに，つぎの定常分布に関する式が証明されている．

$$P_n = \rho^n(1-\rho) \quad (n = 0, 1, 2, \ldots) \tag{7.13}$$

7.2.5　標準的な場合 $M/M/1(\infty)$

マルコフ性をもつ到着分布（ポアソン分布），マルコフ性をもつサービス分布（指数分布）で，サービス窓口が一つ，列の長さに制限がない (∞)，$M/M/1(\infty)$ は，もっとも一般的なケースである．ここでは，$M/M/1(\infty)$ の問題を考えてみよう．

まず，具体的な例題で説明しよう．つぎは最初に述べた話を具体化して，待ち行列の用語や記号を用いて表現した基本的な問題である．

例題 7.1

A 医院では，患者の来院状況が 1 時間あたり 4 人のポアソン分布であり，診察時間は平均 10 分の指数分布である．平均待ち時間を求めよ．

まず，$M/M/1(\infty)$ に関する公式をいくつか導いておく．

平均系内数 L　　系（システム）内に n 人いる確率は定常分布の式から，$P_n = \rho^n(1-\rho)$ になる．よって，その平均値を考えて，平均値はその定義から「（とり得る値）×（値をとる確率）の和」であるから，つぎのようになる．

$$L = \sum_{n=0}^{\infty} nP_n = \sum_{n=0}^{\infty} n\rho^n(1-\rho)$$

これを変形して次式となる

$$L = \frac{\rho}{1-\rho} = \frac{\lambda}{\mu - \lambda} \tag{7.14}$$

平均滞在時間 W　　リトルの公式(7.11)に式(7.14)を代入すると得られるのが，

平均滞在時間 W を表す次式である．

$$W = \frac{1}{\lambda}L = \frac{1}{\mu - \lambda} \tag{7.15}$$

平均待ち人数 L_q　リトルの公式(7.10)から，$L_q = L - \lambda/\mu$ である．これに式(7.14)を代入すると得られるのが，待っている客の平均数 L_q を表す次式である．

$$L_q = \frac{\rho^2}{1 - \rho} \tag{7.16}$$

平均待ち時間 W_q　リトルの公式(7.12)に式(7.16)を代入すると得られるのが，平均待ち時間 W_q を表す次式である．

$$W_q = \frac{L_q}{\lambda} = \frac{\lambda}{\mu(\mu - \lambda)} \tag{7.17}$$

それでは，解いてみよう．

▶ **例題 7.1 の解**　平均待ち時間の式(7.17)に，$\lambda =$ 平均到着率 $= 4$ [人/時間]，$\mu =$ 平均サービス率 $= 60/10 = 6$ [人/時間] を代入すると，つぎのように求められる．

$$W_q = \frac{4}{6(6-4)} = \frac{4}{12} = \frac{1}{3} \text{[時間]} = 60 \times \frac{1}{3} = 20 \text{[分]} \qquad ■$$

7.3 そのほかの例題

7.3.1 $M/M/1(N)$ の場合

つぎに，ある種の制限がある場合を考えてみよう．その代表例として，待合室に制限があるなどで待ち人数が制限されてしまう場合を扱うことにする．

> **例題 7.2**
>
> A 医院では，患者の来院状況が 1 時間あたり 4 人のポアソン分布であり，診察時間は平均 10 分の指数分布である．また医院の待合室は 5 人が定員で，これを超えて待つことができない．このとき，「客が帰ってしまう確率」(これを**呼損率**という) を求めよ．

この例題は，ポアソン到着，指数サービス，一つの窓口であるところは $M/M/1(\infty)$ の場合と同じだが，系のなかの人数の最大値が N であるところが異なる．つまり，系

のなかに N 人いるとそのうちの 1 人はサービスを受けていて，残りの $(N-1)$ 人はサービスを待っていることになる．このとき，さらに 1 人到着した場合は，並んで待つことができない．実際の問題でこれを処理する場合は，N がかなり大きな値であれば，$M/M/1(\infty)$ で処理するのが一般的である．そのため，ここでは N が小さな値の場合を考える．

$n > N$ の場合は，系内に留まれないので $P_n = 0$ になる．したがって，$\sum_{n=0}^{N} P_n = 1$ になる．これを用いて，定常分布は次式になることが導かれる[1]．

$$P_n = \frac{(1-\rho)\rho^n}{1-\rho^{N+1}} \tag{7.18}$$

L については，$L = \sum_{n=0}^{N} nP_n$ と式 (7.18) を用いて次式が導かれる．

$$L = \frac{\rho\{1-(N+1)\rho^N + N\rho^{N+1}\}}{(1-\rho)(1-\rho^{N+1})} \tag{7.19}$$

さらに，リトルの公式 (7.10) を用いて次式が得られる．

$$L_q = \frac{\rho^2\{1 - N\rho^{N-1} + (N-1)\rho^N\}}{(1-\rho)(1-\rho^{N+1})} \tag{7.20}$$

また，到着しても系内に N 人いて帰るしかない状況の確率である**呼損率**は，系内に N 人いる確率を求めればよいので，式 (7.18) から，

$$呼損率 = P_N = \frac{(1-\rho)\rho^N}{1-\rho^{N+1}} \tag{7.21}$$

となる．

念のため，「到着してただちにサービスを受けることができる確率」も求めておく．これは系内人数が 0 人の場合だから，つぎのようになる．

$$P_0 = \frac{1-\rho}{1-\rho^{N+1}} \tag{7.22}$$

▶ **例題 7.2 の解** $\rho = \lambda/\mu$ であり，平均到着率 $= \lambda = 4$ [人/時間]，平均サービス率 $= \mu = 60/10 = 6$ [人/時間] であるから，$\rho = \lambda/\mu = 4/6 = 2/3$ である．したがって，呼損率は式 (7.21) により，

$$P_5 = \frac{1-2/3}{1-(2/3)^6} \cdot (2/3)^5 = \frac{32}{665} = 0.0481\cdots \fallingdotseq 0.05$$

となる．つまり，約 5 ％である． ■

---

1) 詳しくは参考図書 [8] 参照．

7.3.2 $M/M/s(\infty)$ の場合

つぎに，窓口の数を増やしたらどうなるか，考えてみよう．

> **例題 7.3**
>
> A医院では患者の来院状況は1時間あたり4人のポアソン分布で変わりなかったが，診察時間をもう少し丁寧な診療をしたいと考え，一人あたりの診療時間を10分から20分に長くした．すると，待ち患者の数が増えたため，医者の数を2人に増やして対応することにした．診察時間は変わらず平均20分の指数分布である．このとき，つぎの問題に答えよ．
> (1) 平均の待ち時間はどのくらいになるか．
> (2) 二人の医者が診察中である確率を求めよ．
> (3) 医者が診察中である確率を4割以下にしたい．診察時間は平均20分を維持するとして，医者は何人にすればよいか検討せよ．

この例題ではいままでの例題と異なり，窓口が一つではない．そこで，$s\,(\geq 2)$ の窓口があるとして公式を得ておくことにする．

まず，トラフィック密度（利用率）ρ はこの場合，サービス窓口が s になったことによって，サービス率は s 倍になるので，$a = \lambda/\mu$ とおくと，

$$\rho = \frac{\lambda}{s\mu} \quad \left(= \frac{a}{s}\right) \tag{7.23}$$

になる．これが1より小さいのであれば，定常分布が存在することはいままでの例題と変わりない．また，定常分布はつぎのようになることが証明されている．

$$P_n = \frac{a^n}{n!} P_0 \quad (0 \leq n < s) \tag{7.24}$$

$$P_n = \frac{a^n}{s!\,s^{n-s}} P_0 \quad (s \leq n) \tag{7.25}$$

ここで，

$$P_0 = \frac{1}{1 + a + \frac{a^2}{2!} + \cdots + \frac{a^{s-1}}{(s-1)!} + \frac{sa^s}{s!(s-a)}} \tag{7.26}$$

である．

つぎに，定常状態であるとき，各種の統計量を述べておく．

平均待ち人数 L_q の待ちが生じるには，窓口の数 s より待ち人数が多いことが必要

である．少なければ当然待ちは生じないことに注意して，その平均値を考えるわけだから，

$$L_q = \sum_{n=s+1}^{\infty} (n-s)P_n$$

となる．これを計算した結果が次式である．

$$L_q = \frac{a^{s+1}}{(s-1)!(s-a)^2}P_0 = \frac{s^s}{s!} \cdot \frac{\rho^{s+1}}{(1-\rho)^2}P_0$$

また，平均系内人数 $(L) = \sum_{n=0}^{\infty} nP_n$ であるから，これを計算して

$$L = a + L_q$$

となる．また，リトルの公式 (7.11)，(7.12) から，

$$\text{平均滞在時間}\,(W_q) = \frac{L_q}{\lambda}, \qquad \text{平均系内時間}\,(W) = \frac{L}{\lambda}$$

が成り立つ[1]．上式は，本書では使わないが，待ち行列の問題でしばしば必要になる公式である．

▶ **例題 7.3 の解** 到着率 $\lambda = 4$ [人/時間]，サービス率 $\mu = 60/20 = 3$ [人/時間]，窓口数 $s = 2$ であるから，$a = \lambda/\mu = 4/3$ であり，$\rho = a/s = 4/(3 \times 2) = 2/3$ となる．$\rho < 1$ であるから定常分布は存在する．式 (7.26) に従い計算してみよう．

$$\frac{1}{P_0} = \sum_{n=0}^{s-1} \frac{a^n}{n!} + \frac{a^s}{(s-1)!(s-a)} = \sum_{n=0}^{2-1} \frac{(4/3)^n}{n!} + \frac{(4/3)^2}{1!(2-4/3)}$$

$$= 1 + \frac{4}{3} + \frac{16/9}{2/3} = 1 + \frac{4}{3} + \frac{8}{3} = \frac{15}{3} = 5$$

よって，$P_0 = 1/5$ となる．

(1) 平均待ち時間を計算するために L_q を求めておく．まず，式 (7.20) から，

$$L_q = \frac{a^{s+1}}{(s-1)!(s-a)^2}P_0 = \frac{(4/3)^3}{1!(2-4/3)^2} \times \frac{1}{5}$$

$$= \frac{(4/3)^3}{(2/3)^2} \times \frac{1}{5} = \frac{4^3 \cdot 3^2}{3^3 \cdot 2^2} \times \frac{1}{5} = \frac{16}{15}$$

となる．よって，平均待ち時間 W_q はリトルの公式 (7.12) からつぎのようになる．

---

1) 証明は参考図書 [8] 参照．

$$W_q = \frac{L_q}{\lambda}$$
$$= \frac{16}{15} \times \frac{1}{4} = \frac{4}{15} \,[\text{時間}] = \frac{4}{15} \times 60 = 16 \,[\text{分}]$$

(2) 2人の医者に患者が受診している状況は，系内の患者数が n である確率が P_n であるから，$n=0$ でも $n=1$ でもない確率ということになる[1]．よって，求める確率は $1 - P_0 - P_1$ となり，式(7.24)～(7.26)によって，P_0, P_1 を求めればよい．P_0 はすでに求めたとおりである．P_1 は $P_n = (a^n/n!)P_0$ であるから，

$$P_1 = \frac{(4/3)^1}{1!} \times \frac{1}{5} = \frac{4}{15}$$

となる．よって，求める確率は，

$$1 - \frac{1}{5} - \frac{4}{15} = \frac{8}{15} = 0.533\cdots$$

となる．以上から，すぐに受診できない確率は53％ぐらいであるということになる．これが多いと考えるならば，さらに医者を増やすか，診療時間を多少短縮すればよい．

(3) 医者が $s\,(\geq 3)$ 人になったとすると，システム内の人数が $s-1$ 人であれば，到着すれば待つことなく診察が受けられる．よって，求める確率を P とおくと，

$$P = 1 - P_0 - P_1 - \cdots - P_{s-1}$$

となる．ここで，$s \geq 3$ であるから，定常分布の公式(7.25)，(7.26)を用いて求めるが，式の形からして，s が増えるごとに計算量が増える．そこで，方程式を立てて解いていくのはやめて，まず $s=3$ の場合を考え，これでだめなら $s=4$ というように順次計算していく．

$s=3$ であれば，

$$P = 1 - (P_0 + P_1 + P_2) = 1 - (1 + a + \frac{a^2}{2!})$$

であり，

$$P_0 + P_1 + P_2 = P_0(1 + a + \frac{a^2}{2!})$$

であるから，$1 + a + a^2/2! = Q$ とおくと，

$$Q = 1 + \frac{4}{3} + \frac{1}{2} \cdot (\frac{4}{3})^2 = 1 + \frac{4}{3} + \frac{16}{18} = \frac{58}{18}$$

---

[1] 系内人数が2以上だと2人の医者は診察中になり，到着者は受診できない．

となる．ここで，$P = 1 - P_0 Q$ であるから，これから

$$P = 1 - \frac{1}{5} \cdot \frac{58}{18} = 1 - \frac{58}{5 \times 18} = 1 - \frac{58}{90} \fallingdotseq 1 - 0.64 = 0.36$$

となる．よって，医者を 3 人にすれば，待つ確率は 4 割以下になり，条件にあう． ■

7.3.3 $M/Er/1(\infty)$ の場合

一般的には，指数サービスでない場合がある．たとえば，単位分布とかアーラン分布の場合である．このようなサービス時間に対応する手法に言及しておく．

つぎの三つの条件を考える．

- 到着分布は到着率 λ のポアソン到着である．
- サービス時間の分布は，平均 $E(t)$ と分散 $V(t)$ がわかっている．
- $\rho = \lambda E(t) < 1$ （平衡条件）を満たしている．

これらがすべて満たされているならば，つぎの**ポラチェック・ヒンチン**（Pollaczeck-Khinchine：P.K）**の公式**が成り立つ．

$$L_q = L - \rho = L - \lambda E(t) = \frac{\lambda^2 \{E^2(t) + V(t)\}}{2\{1 - \lambda E(t)\}} \tag{7.27}$$

適用できるサービス分布は多いため，この公式は実用的である[1]．

式 (7.27) とリトルの公式を利用すれば，つぎのような問題も解決できる．

例題 7.4

ある窓口でのサービス状況を調べたところ，パラメータ 2 のアーラン分布であることがわかった．さらに詳しく調べて，平均は 1 人あたり 10 分であり，到着分布は平均毎時 5 人のポアソン分布であった．このとき，平均待ち時間を求めよ．

この例題は $M/Er/1(\infty)$ の場合の待ち行列問題である．したがって，いままでの公式では対応できないが，P.K の公式 (7.27) を使えば種々の統計的な値を求めることが可能である．

▶ **解** $M/E_2/1(\infty)$ の問題である．与えられた条件から，$\lambda = 5$ [人/時間]，$\mu = 6$ [人/時間]，$\rho = 5/6 (< 1)$ である．

サービス分布に関しては，パラメータ 2 のアーラン分布であるから，式 (7.8) を用

---

[1] 証明はたとえば参考図書 [8] 参照．

いて
$$E(t) = \frac{1}{\mu} = \frac{1}{6}, \qquad V(t) = \frac{1}{k\mu^2} = \frac{1}{2 \times 6^2} = \frac{1}{72}$$

はすでにわかっている．ここで，P.K の公式(7.27)を適用して
$$L_q = \frac{2+1}{2 \times 2} \cdot \frac{(5/6)^2}{1 - 5/6} = \frac{25}{8}$$

となり，リトルの公式(7.12)からつぎのように求められる．
$$W_q = \frac{L_q}{\lambda}$$
$$= \frac{25}{8} \times \frac{1}{5} = \frac{5}{8} \text{ [時間]} = \frac{5}{8} \times 60 = \frac{75}{2} = 37.5 \text{ [分]} \qquad \blacksquare$$

▶▶▶ 演習問題

7.1 役所に証明書類を取りに行った．市民の平均到着人数は 1 時間あたり 5 人であり，窓口は一つで，サービス時間は 10 分であった．つぎの各問題に答えよ．
  (1) 市民の平均待ち時間を求めよ．
  (2) 待たずにサービスを受けられる確率を求めよ．
  (3) サービスを待っている平均人数を求めよ．

7.2 A 旅行社ではある部門のカウンターで対応する者が 1 人であったが，カウンターが混雑している状況があることを知り，これを解消するため，対応する者の人数を増やすことにした．そこで，2 人にするか，3 人にするかで迷った．客の平均相談時間は 20 分で，客の到着分布は 4 [人/時間] であるとして，1，2，3 人の各場合について平均待ち時間を計算せよ．その結果から，2 人にすべきか 3 人にすべきか判断せよ．

7.3 タクシー乗り場で，平均 5 分で 1 人の客が到着しているとしよう．なお，到着はポアソン到着であるとする．タクシーが乗り場に来る時間間隔は平均 4 分の指数分布であるとする．さらに，客は皆，4 人並んでいるのを見ると待つことなく立ち去ってしまう．このとき，つぎの各問題に答えよ．ただし，乗り場は 1 箇所とする．
  (1) 呼損率を求めよ．
  (2) 平均待ち行列の長さを求めよ．
  (3) 平均待ち時間を求めよ．

7.4 あるファーストフード店では，10 分以上待たせる客の数を全体の 10 % 以下にしたいと考えている．それには，店員のサービス率をどのくらいにすべきか考えよ．ただし，客の到着は毎時平均 20 人のポアソン到着とし，サービスの長さは指数分布に従うものとして考えよ．

7.5 ある役所のある部署では,客は 1 時間に 8 人の割合でポアソン到着する.相談時間は平均 $E(t)$ は 5 分で,分散 $V(t)$ は 6^2 であることがわかっている.このとき,平均待ち時間と平均待ち人数を求めよ.ただし,P.K の公式が成り立つための必要条件はすべて満たしているものとする.

第8章 シミュレーション

事例のなかには既存の理論では対応できないようなものや，実際に実験してみたくてもできないものがある．そのような場合に用いるのが**シミュレーション**（simulation）である．とくに，乱数を用いて模擬的に実験する方法をモンテカルロ法という．本章では，ORへの応用を見据え，モンテカルロ法によるシミュレーションを待ち行列に適用する場合で説明する．

8.1 シミュレーションの基礎

待ち行列の問題ではあるが，到着分布がポアソン分布でないとか，サービス分布が指数分布でも特殊な分布式でもない場合を考えてみよう．これは，前章では扱えなかった場合である．このような場合に利用する方法がシミュレーションである．まず，シミュレーションの考え方などの説明をして，つぎに待ち行列への応用を説明しよう．

シミュレーションは，理論的な解決方法が確立していない場合や，実験をするには時間と費用が掛かる場合にとられる手法である．その進め方は，課題対象の特性などを用いたモデルを作り，それに沿った実験をし，得られた結果から課題の解決案を推測するものである．ここで，得られた結果の妥当性は，実際を見て判断されることになる．

さらに，シミュレーションは大きく二つに分類される．一つは「確定型モデル」であり，もう一つは「確率型モデル」である．前者は，実際のモデルが微分方程式などで定式化は可能だが，定式化された式が直接解けない場合である．後者は対象の動きを確率的に捉えるしかない場合である．いずれも，特徴をとらえてそれをあてはめて，現実の問題を実験して結果を予測する手法である．本書は，後者を対象とし，シミュレーションに乱数を使う**モンテカルロ法**（Monte Carlo method：MC法）という手法を用いる．

応用は，ORの手法に限っても種々考えられているが，本書は，「待ち行列への応用」

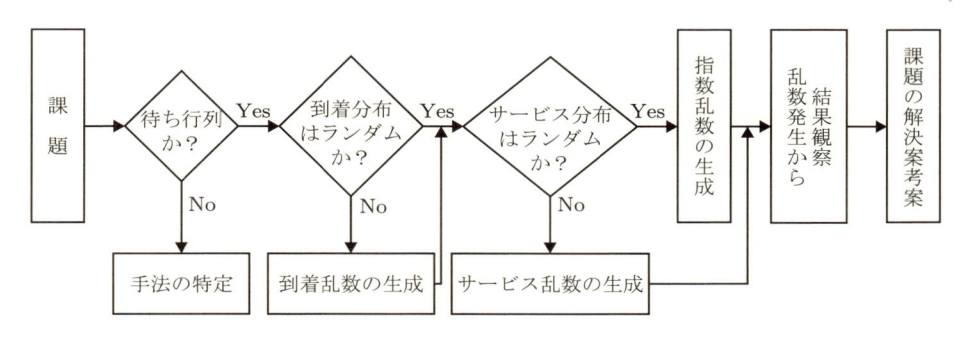

図8.1 シミュレーションの流れ

を述べることにする．その対象は，$M/G/1(\infty)$ とする．とくに，G としては統計的なデータを利用する場合を取り上げる．これは，実際でもよく現れる場合なので，利用の面から取り上げた．乱数は最初に述べたとおり，コンピュータで発生させる方法を利用する（付録参照）．まず，乱数の基礎的な手法などをひととおり説明する．図8.1にシミュレーションで課題を考えるときの流れを示す．

8.1.1 乱数を生成する方法

特定の確率分布の**乱数**（random number）を作ることを，**乱数の生成**（random number generation）という．乱数には，離散分布の場合と連続分布の場合があり，生成方法だけを考えれば，連続分布のほうが容易である．そこで，まず連続の場合の乱数の生成について述べ，つぎに離散の場合を述べる．

(1) 連続分布の場合

確率変数 X の密度関数を $f(x)$ とおくとき，分布関数を $F(x)$ とおき，さらに $U = F(X)$ とおくと，U は**一様分布**になることがわかっている．この事実を用いると，$X = F^{-1}(U)$ が成り立つならば，$[0,1]$ 上の一様乱数 U を用いて，確率変数 X の確率分布をもつ乱数 $F^{-1}(U)$ を生成することができる．このような乱数の生成方法を，**逆変換法**という [1]．

この方法は，一様な分布をもつ乱数 U はコンピュータで容易に生成することが可能なので，これと分布関数 $F(x)$ を利用すれば，簡単に X の確率分布をもつ乱数が生成可能になる．

ここで，指数分布とポアソン分布と一様分布の相互関係をまとめておく．

λ を単位時間に来る客の数（ポアソン分布：P）の平均とすると，客の到着間隔（指数分布：T）の平均は $1/\lambda$ であり，一人ひとりの客の到着時間はランダムだから，そ

---
[1] この手法は，$F(x)$ に逆関数 $F^{-1}(x)$ が存在することを前提としている．

の分布は一様分布になる．

P, T, U の間には，つぎのような関係がある．

単位時間の到着人数の分布 P は，$E(P) = V(P) = \lambda$ を満たすポアソン分布である．到着間隔の分布 T は，$E(T) = 1/\lambda$, $V(T) = 1/\lambda^2$ である．

T, U の間にはつぎの関係が成り立つ．

$$T = -\frac{1}{\lambda}\log_e(U) \quad \left(= -\frac{1}{\lambda}\ln(U)\right) \tag{8.1}$$

例題 8.1

$f(x)$ を平均が $1/2$ の指数分布であるとき，$f(x)$ に従う乱数（以下，**指数乱数**）を逆変換法で生成せよ．

▶ **解** 逆変換法を利用する手順を述べよう．平均 m の指数分布の分布関数は，

$$F(x) = 1 - e^{-\frac{1}{m}x} \tag{8.2}$$

であるから，この逆関数を求めて

$$x = F^{-1}(u) = -m\ln(1-u) \tag{8.3}$$

になる．式(8.3)の x に X, u に U をあてはめて，

$$X = -\frac{1}{2}\ln(1-U) \tag{8.4}$$

を得る[1]．一様分布をなす乱数（以下，**一様乱数**）U を生成し，それを式(8.4)に代入することで，指数乱数を生成する[2]．　■

(2) 離散分布の場合

確率分布が

$$P(X = x_k) = p_{x_k} \ (k = 1, \ldots, n) \tag{8.5}$$

であるとき，これに従う乱数を生成する．そのために逆変換法の考え方を適用する．まず，分布関数は累積度数を式で表したものであるから，つぎのようになる．

$$F(x) = P(X \le x) = \sum_{x \le x_k} p(x) \tag{8.6}$$

---

[1] 関数 $\ln A$ は，$\log_e A$ を意味する対数関数である．
[2] U と $1-U$ はいずれも一様分布になるので，$\ln(1-U)$ を $\ln(U)$ に置き換える．

$U = F(X)$ を考えると，式(8.6)が一様分布になることは連続の場合と同様に示されているので，逆関数に相当する逆対応を用いて，

$$\left.\begin{array}{l} X = x_1 \quad (0 \leq U < F(x_1)) \\ \quad\quad\quad \vdots \\ X = x_{k+1}(F(x_k) \leq U < F(x_{k+1})) \\ \quad\quad\quad \vdots \\ X = x_n \quad (F(x_{n-1}) \leq U \leq F(x_n)) \end{array}\right\} \quad (8.7)$$

が得られる．式(8.7)を用いて，X の値を定めればよい．以上が離散分布に従う分布の場合の乱数の生成法である．これは，統計的なデータに従う乱数を生成する場合でもある．

例題 8.2

統計的なデータの分布を調べた結果，表 8.1 のとおりになった．このとき，表に従う乱数を生成せよ．

表 8.1 確率分布

x	1	2	3	4	5
確率	$\frac{1}{12}$	$\frac{1}{3}$	$\frac{1}{3}$	$\frac{1}{6}$	$\frac{1}{12}$

▶ **解** 上記の方法に従い，つぎのように $U\ (=F(X))$ の値に従って，式(8.7)の方法で X の値を割り当てることになる．つまり，つぎのようになる[1]．

$$\left.\begin{array}{l} 0 \leq U < \dfrac{1}{12} \Rightarrow X = 1 \\ \dfrac{1}{12} \leq U < \dfrac{1}{12} + \dfrac{1}{3} = \dfrac{5}{12} \Rightarrow X = 2 \\ \dfrac{5}{12} \leq U < \dfrac{5}{12} + \dfrac{1}{3} = \dfrac{9}{12} \Rightarrow X = 3 \\ \dfrac{9}{12} \leq U < \dfrac{9}{12} + \dfrac{1}{6} = \dfrac{11}{12} \Rightarrow X = 4 \\ \dfrac{11}{12} \leq U \leq \dfrac{11}{12} + \dfrac{1}{12} = 1 \Rightarrow X = 5 \end{array}\right\}$$

■

---

[1] X の値を求めるのは，手作業では厄介である．付録の Excel を利用して計算を自動化する方法参照．

8.2 待ち行列への応用

前節で述べた手法をふまえ，待ち行列を扱うにあたっては，二つのテーマに絞って説明する．それは，理論的に解決可能な問題をシミュレーションで処理し，それと理論値との比較をすること，さらに，理論的な処理方法がとくにない場合をシミュレーションで解決することである．

待ち行列では到着分布やサービス分布は，その分布関数を仮定しなくてはならない．ところが，実際のデータでは，従来研究されてきた種々の分布式に当てはまらない場合がある．このような場合は，「客の到着状況」と「サービスの状況」に従う乱数を人工的に生成し，そこから得られる結果を利用して「待ち時間」や「待ち人数」を予測する．

8.2.1 理論的に解決可能な問題

以後の例題のサービスの順序については，とくに断らない限り先着順とする[1]．

例題 8.3

到着間隔分布が平均 4 [分/人] の指数分布であり，サービス時間の分布が平均 3 [分/人] の指数分布であるとする．このとき，窓口が稼働している率，列の待ち時間の平均，系内の待ち時間の平均，列待ち人数の平均，系内待ち人数の平均をシミュレーションを用いて求めよ．さらに，これらの値と理論的な値とを比較せよ．

到着とサービスの関係を模式図で表すと図 8.2 のようになる．この関係をふまえて問題に取り組む．

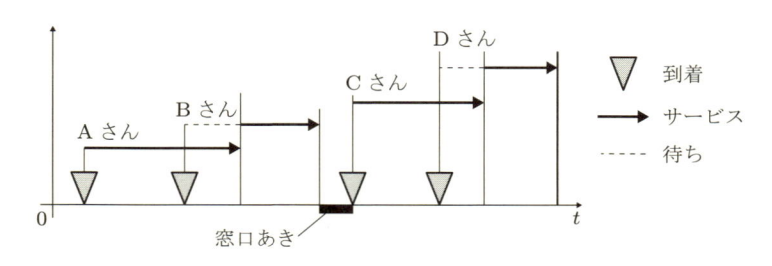

図 8.2 到着とサービスの関係

▶ **解** まず，到着間隔（指数分布）を乱数で生成するには，一様乱数 U を生成し，こ

---

[1] これを，先入れ先出し（first in first out：FIFO）という．

れを $X = -4\ln U$ に代入して，逆変換法で変換された乱数として求める．求められた乱数 X は，平均 1/4 の指数乱数である．つぎに，各値の計算法をまとめておく．

到着時間を計算するには，到着間隔の累積値を計算する．

また，サービス時間を乱数（指数乱数）で生成するには，一様乱数 V を生成し，V を $Y = -3\ln V$ に代入して，平均 1/3 の指数乱数に変換する．

列の待ち時間の平均の計算は，サービスの開始時刻と到着時刻との差が列の待ち時間になる．よって，到着者全員の待ち時間を合計し，それを到着人数で割れば，これが列の待ち時間平均になる．

なお，つぎの事柄にも配慮しておきたい．

窓口稼働率とは，サービス時間合計を総経過時間（= 最後のサービス終了時刻）で割った値である．これは，サービス窓口を開けている時間と実際にサービスを行っている時間の比で求める．系待ち時間の平均は，列待ち時間合計 + サービス時間合計を到着人数の総計で割った値として求める．平均列待ち人数は，各列内人数ごとの時間を調べ，その平均値を求める．平均系待ち人数は，各系内人数ごとの時間を調べ，その平均値を求める．

以上の内容を Excel で処理した結果が表 8.2 である．

平均を求めることがシミュレーションでは多いが，確率の**大数の法則**によれば，この値はサンプルの数が多いほど真の値に近づくことがわかっている[1]．

表から，シミュレーションによって得られる値はつぎのようになる．

$$\text{窓口稼働率} = \frac{52.3}{70.7} = 0.74 \ (\text{F，G 列})$$

$$\text{列待ち時間の平均} = \frac{39.3}{20} = 2.0 \ [\text{分}] \ (\text{H 列})$$

$$\text{系待ち時間の平均} = \frac{52.3 + 39.3}{20} = 4.6 \ [\text{分}] \ (\text{F，H 列})$$

$$\text{列待ち長さの平均} = \frac{(\text{待ち長さ} \times \text{待ち時間}) \text{の計}}{\text{総経過時間}}$$

$$= \frac{0 \times 40.3 + 1 \times 21.5 + 2 \times 8.9}{70.7}$$

$$= \frac{39.3}{70.7} = 0.6 \ [\text{L，M 列}]$$

さらに，つぎのようになる．

---

[1] サンプル数に関しては，一概に，何個以上であればよいという基準はない．

表8.2 シミュレーション結果

	A	B	C	D	E	F	G	H	I	J	K	L	M
1	U	V	着間隔	着時刻	S開始	S経過	S終了	列待ち	遊休				
2	-	0.52	-	0	0	1.96	1.96	0	0				
3	0.99	0.54	0.04	0.04	1.96	1.84	3.8	1.92	0		系長	列長(遊休)	時間
4	0.28	0.07	5.09	5.13	5.13	7.97	13.1	0	1.33		0	0 (遊休)	18.4
5	0.56	0.7	2.31	7.44	13.1	1.07	14.17	5.66	0		1	0	21.9
6	0.83	0.78	0.74	8.18	14.17	0.74	14.91	5.99	0		2	1	21.5
7	0.24	0.93	5.7	13.88	14.91	0.21	15.12	1.03	0		3	2	8.9
8	0.84	0.08	0.69	14.57	15.12	7.57	22.69	0.55	0				70.7
9	0.68	0.27	1.54	16.11	22.69	3.92	26.61	6.58	0				
10	0.2	0.92	6.43	22.54	26.61	0.25	26.86	4.07	0				
11	0.55	0.19	2.39	24.93	26.86	4.98	31.84	1.93	0				
12	0.36	0.37	4.08	29.01	31.84	2.98	34.82	2.83	0				
13	0.59	0.27	2.11	31.12	34.82	3.92	38.74	3.7	0				
14	0.27	0.57	5.23	36.35	38.74	1.68	40.42	2.39	0				
15	0.68	0.63	1.54	37.89	40.42	1.38	41.8	2.53	0				
16	0.39	0.93	3.76	41.65	41.8	0.21	42.01	0.15	0				
17	0.72	0.37	1.31	42.96	42.96	2.98	45.94	0	0.95				
18	0.03	0.13	14.02	56.98	56.98	6.12	63.1	0	11.04				
19	0.2	0.6	6.43	63.41	63.41	1.53	64.94	0	0.31				
20	0.27	0.74	5.23	68.64	68.64	0.9	69.54	0	3.7				
21	0.61	0.96	1.97	70.61	70.61	0.12	70.73	0	1.07				
22	平均		3.72			2.6165		1.9665	0.92				
23	合計					52.33		39.33	18.4				

注) S:サービス,遊休:窓口遊休時間

$$\text{系待ち長さの平均} = \frac{(\text{系の長さ} \times \text{待ち時間}) \text{の計}}{\text{総経過時間}}$$

$$= \frac{0 \times 18.4 + 1 \times 21.9 + 2 \times 21.5 + 3 \times 8.9}{70.7}$$

$$= \frac{91.6}{70.7} = 1.3 \, [\text{K, M列}]$$

一方,理論値はつぎのようになる.

$$\lambda = \frac{1}{4} \, [\text{人/分}], \quad \mu = \frac{1}{3} \, [\text{人/分}]$$

$$\text{窓口稼働率} = \rho = \frac{\lambda}{\mu} = \frac{3}{4} = 0.75$$

$$\text{列待ち時間} = W_q = \rho W = \frac{3}{4} \times 12 = 9 \, [\text{分}]$$

$$\text{系待ち時間} = W = \frac{1}{\mu - \lambda} = \frac{1}{1/3 - 1/4} = 12 \, [\text{分}]$$

$$\text{列待ち長さ (人数)} = L_q = \lambda W_q = \frac{1}{4} \times 9 = \frac{9}{4} = 2.25 \, [\text{人}]$$

$$\text{系待ち長さ (人数)} = L = \lambda W = \frac{1}{4} \times 12 = 3 \, [\text{人}]$$

比較すると,列待ち時間と系待ち時間は,かなり差がある.これは,データ数が少なすぎることが原因である.MC法では機械的な乱数を利用するため,乱数は何個でも生成可能である.これを何回も実行し,結果を予測するのがよい.50, 100, 200,

400 個の場合で乱数を生成し，実験してみたところ，400 の場合の待ち時間平均値は 9.1，系待ち時間の平均値は 12.2 になった．この値は理論値にきわめて近い値である． ∎

シミュレーションでは，系の長さや列の長さを簡便に「（系人数の総和）／（到着人数）」，「（列人数の総和）／（到着人数）」で求めることがある．なお，系の長さや列の長さを Excel で自動計算したい場合は，参考図書 [1, 7] を参照してほしい．

例題 8.4

ある窓口で客が来るのは 1 時間に平均 4 人のポアソン到着であり，サービス時間は平均サービス時間が 12 分の指数分布である．このとき，窓口の稼働率，待ち時間がない確率，平均待ち時間を求めよ．

▶ **解** この例題は，到着分布がポアソンで与えられているところが例題 8.1 と異なる．ポアソン分布に従う乱数（以下，**ポアソン乱数**）を生成することも可能だが，これを到着間隔で考えれば，例題 8.1 と同様に処理できることは，8.1.1 項で述べたとおりである．具体的に説明していこう．

まず，ポアソン到着を到着間隔の指数分布式に直すには，ポアソンでの毎時 4 人は，毎分に直せば毎分 $4/60 = 1/15$ [人] となるので，到着間隔に直せば 15 [分/人] となる．つまり，平均到着間隔が 15 分の指数分布になる．

待ち時間がない確率は，理論的には，系内人数が n になる確率を P_n とおくならば，求める確率は P_0 である．ここで，式(7.13)より，$P_n = (1-\rho)\rho^n$ であるからこれを用いて理論的な解を求めることは可能である．これをシミュレーションで求めれば，

$$待ち時間がない確率 = \frac{サービスのない時間（遊休時間）}{窓口が開いている時間}$$

となる．この値を表から求めることは可能である．

これらを用いて必要な情報を計算しデータをとる．なお，上記で述べた以外の値の求め方は，例題 8.1 と同様である．

表 8.3 から，つぎの結果が得られる．

$$窓口の稼働率 = \frac{176.4}{365.5} = 0.483$$

$$待ち時間がない確率 = \frac{189.1}{365.5} = 0.517$$

表8.3　シミュレーション結果

	A	B	C	D	E	F	G	H	I
1	U	V	着間隔	着時	S開始	S経過	S終了	列待ち	遊休
2	-	0.25	-	0	0	16.63	16.63	0	0
3	0.12	0.95	31.8	31.8	31.8	0.61	32.41	0	15.17
4	0.93	0.29	1.08	32.88	32.88	14.85	47.73	0	0.47
5	0.01	0.64	69.07	101.95	101.95	5.35	107.3	0	54.22
6	0.84	0.72	2.61	104.56	107.3	3.94	111.24	2.74	0
7	0.17	0.76	26.57	131.13	131.13	3.29	134.42	0	19.89
8	0.27	0.31	19.63	150.76	150.76	14.05	164.81	0	16.34
9	0.12	0.44	31.8	182.56	182.56	9.85	192.41	0	17.75
10	0.96	0.84	0.61	183.17	192.41	2.09	194.5	9.24	0
11	0.98	0.4	0.3	183.47	194.5	10.99	205.49	11.03	0
12	0.01	0.98	69.07	252.54	252.54	0.24	252.78	0	47.05
13	0.93	0.83	1.08	253.62	253.62	2.23	255.85	0	0.84
14	0.68	0.97	5.78	259.4	259.4	0.36	259.76	0	3.55
15	0.93	0.36	1.08	260.48	260.48	12.25	272.73	0	0.72
16	0.48	0.89	11	271.48	272.73	1.39	274.12	1.25	0
17	0.35	0.17	15.74	287.22	287.22	21.26	308.48	0	13.1
18	0.56	0.77	8.69	295.91	308.48	3.13	311.61	12.57	0
19	0.9	0.54	1.58	297.49	311.61	7.39	319	14.12	0
20	0.36	0.52	15.32	312.81	319	7.84	326.84	6.19	0
21	0.61	0.04	7.41	320.22	326.84	38.62	365.46	6.62	0
22			320.22			176.36		63.76	189.1
23	0.53737	0.5835	16.011			8.818		3.188	9.455

$$\text{平均待ち時間} = \frac{\text{待ち時間の計}}{\text{人数}} = \frac{63.76}{20} = 3.19 \, [\text{分}]$$

■

8.2.2 理論値が求められない場合

ここで扱う例題は，実際にはよく起こる場合である．それは，到着分布とかサービス分布が統計データで与えられる場合である．つぎの事例は，サービス分布だけが統計データの場合である．到着分布が統計データで与えられても同様である．

例題 8.5

ある窓口は，1時間に平均3人のポアソン到着であることがわかっている．さらに，サービス時間[分]は表8.4のとおりであることが統計的データとして得られている．このとき，待ち時間の平均値を求めよ．

表8.4　サービス時間の統計的データ

サービス時間	6	12	18	24
確率	$\frac{1}{6}$	$\frac{2}{3}$	$\frac{1}{12}$	$\frac{1}{12}$

8.2 待ち行列への応用

▶**解** この例題は，到着は例題 8.2 と同様だが，サービス分布が統計的なデータであるところが異なる．

与えられた条件からわかることをまとめておく．まず，サービスの統計分布表から，平均値は，

$$6 \times \frac{1}{6} + 12 \times \frac{2}{3} + 18 \times \frac{1}{12} + 24 \times \frac{1}{12} = 12.5$$

と計算され，平均サービス率は，$\mu = 1/12.5 \,[人/分]$ となる．平均到着率は，$\lambda = 3\,[人/時間] = 1/20\,[人/分]$ である．

以上から，トラフィック密度は，$\rho = \lambda/\mu = 12.5/20 = 0.625$ となる．これから，定常分布は存在し，リトルの公式が適用可能と考えてよい．

これをふまえ，表作成上で必要になる情報をつぎにまとめておく．

まず，分布表に従う乱数の生成方法を考える．離散分布の確率分布に従う乱数を生成するには，例題 8.2 の離散分布の場合の乱数生成の方法に従うことになる．これより，つぎの方法で求めることになる．一様乱数を V とおくとき，V を 0～100 の範囲の乱数として生成し，これを利用する．

$$0 \leq V < 17 \to X = 6$$

表8.5 シミュレーション結果

	A	B	C	D	E	F	G	H	I
1	U	V	着間隔	着時刻	S開始	S経過	S終了	列待ち	遊休
2	-	14	-	0	0	6	6	0	0
3	99	96	0.2	0.2	6	24	30	5.8	0
4	64	76	8.92	9.12	30	12	42	20.88	0
5	85	93	3.25	12.37	42	24	66	29.63	0
6	11	9	44.14	56.51	66	6	72	9.49	0
7	11	10	44.14	100.65	100.65	6	106.65	0	28.65
8	33	0	22.17	122.82	122.82	6	128.82	0	16.17
9	77	85	5.22	128.04	128.82	18	146.82	0.78	0
10	30	23	24.07	152.11	152.11	12	164.11	0	5.29
11	68	4	7.71	159.82	164.11	6	170.11	4.29	0
12	4	60	64.37	224.19	224.19	12	236.19	0	54.08
13	3	32	70.13	294.32	294.32	12	306.32	0	58.13
14	53	33	12.69	307.01	307.01	12	319.01	0	0.69
15	83	78	3.72	310.73	319.01	12	331.01	8.28	0
16	92	4	1.66	312.39	331.01	6	337.01	18.62	0
17	26	42	26.94	339.33	339.33	12	351.33	0	2.32
18	17	86	35.43	374.76	374.76	18	392.76	0	23.43
19	86	76	3.01	377.77	392.76	12	404.76	14.99	0
20	92	57	1.66	379.43	404.76	12	416.76	25.33	0
21	19	28	33.21	412.64	416.76	12	428.76	4.12	0
22	平均	45.3	21.7179			12		7.1105	9.438
23	合計					240		142.21	

$17 \leq V < 85 \to X = 12$

$85 \leq V < 93 \to X = 18$

$93 \leq V \to X = 24$

この部分の計算は，Excel で自動計算が可能である（付録参照）．計算結果として，表 8.5 を得る．表で，サービス時間（F 列）はその対応表 8.6 に従って変換した結果である．なお，範囲欄の値は境界値である．具体的には，上の値を上限値とする変換が実施されるので，たとえば乱数が 14 であれば，$0 < 14 \leq 17$ であるから，サービス時間は 6 となる．

表 8.6 乱数とサービス時間の対応表

K 範囲	L S 分	M 備考欄
0	6	0〜17
17	12	17〜85
85	18	85〜93
93	24	93〜

よって，MC 法による結果の表 8.5 から，待ち時間の平均値は，セル H22 の値を読んで 7.1 分となる． ∎

▶▶▶ 演習問題

8.1 ある窓口は，1 時間あたり 5 人の平均到着率のポアソン到着であるとし，サービス時間は 1 人あたり 10 分の指数分布とする．このとき，客の平均待ち時間と平均待ち人数をシミュレーションによって調べよ．ただし，窓口は一つとする．

8.2 ある相談室には，ランダムに 1 時間に 2 人の割合で相談者が来室する．また，サービス時間は相談内容によって表 8.7 の確率分布に従っていることが統計的にわかっている．このとき，待ち時間の平均値をシミュレーションによって予測せよ．

表 8.7 相談時間の統計分布

サービス時間 [分]	15	20	30
確率	$\frac{1}{6}$	$\frac{2}{3}$	$\frac{1}{6}$

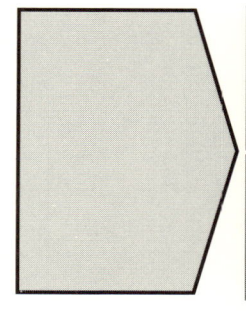

付録　Excel の利用

ここでは，各章の処理に関連し，必要となる Excel の手法を説明する．

A.1　連立領域の図示方法

連立領域を描いてみよう．

例題 A.1

つぎの条件を満たす領域を求めよ．

$$x - y \leq 0, \quad x + y \leq 5, \quad x \geq 0, \quad y \geq 0$$

▶ **解**　$y \geq x$ より $y = x$ の上側であり，$y \leq -x + 5$ より $y = -x + 5$ の下側になる．それぞれの領域を図示し，すべてが重なった部分が連立領域の解となる．なお，$x \geq 0$，$y \geq 0$ は第 1 象限であることを意味する．

まず，グラフを表示するには，表（表 A.1）を作成し，つぎの手順で処理する．

❶ 表を指定する（表全体を選択する）．
❷ 画面上部メニューの [挿入]，[グラフ] メニューの [散布図]，さらに，[散布図（平滑線）] をクリックする．

これを図示したものが図 A.1 である．この領域の色付けを Excel で図示するには，[挿入] ボタンを押し，[図] メニューの [線] のなかの [フリーフォーム] を選択し，領域の頂点を順にクリックしたうえで，領域内部をクリックして色を付ける．

表 A.1　グラフ作成用の表

y \ x	0	1	2	3	4	5
y=x+1	1	2	3	4	5	6
y=-2x+4	4	2	0	-2	-4	-6

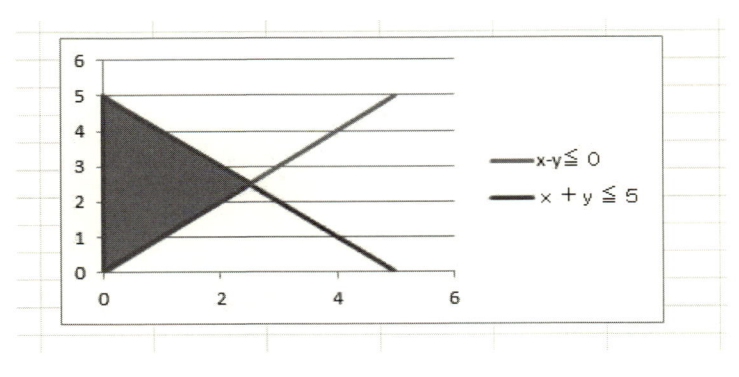

図 A.1　連立領域の図示

以後，操作の手順については，単に [挿入] => [図形] => [フリーフォーム] => [頂点クリック] => [内部をクリック] のように書く．

A.2　各手法での利用方法（1）

A.2.1　PERT 法

アローダイアグラム作成，最早ノード時刻・最遅ノード時刻の計算，PERT 表の作成に分けて Excel の利用法を述べる．そのために，例題を用意する．ここでは実際の Excel 画面の画面内容を記述して説明する．

例題 A.2

表 A.2 の作業リストによって表されるプロジェクトの PERT 表を Excel で作成せよ．

表 A.2　作業リスト

作業	先行作業	時間
A	なし	10
B	A	8
C	なし	1
D	C	1
E	なし	5
F	D, E	3
G	B, F	2

(1)　アローダイアグラムの作成

アローダイアグラムはノードを表す（○）とか，作業を表すアロー（→）を利用して図を描く．したがって，Excel の作図機能を利用すれば作成は可能である．なお，Excel では [挿入] => [図形] を利用する．例題 A.2 のアローダイアグラムは図 A.2 を参照．

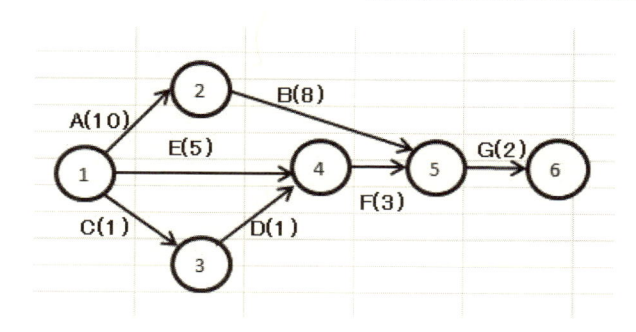

図 A.2 例題 A.2 のアローダイアグラム

(2) 最早ノード時刻と最遅ノード時刻の計算

最早ノード時刻と最遅ノード時刻は，PERT 表を作成するために必要な資料である．ノード時刻は，アローダイアグラムを見ながら記入する（表 A.3）．

表 A.3 例題 A.2 の最早・最遅ノード時刻一覧

ノード	1	2	3	4	5	6
最早	0	10	1	5	18	20
最遅	0	10	14	15	18	20

(3) PERT 表の作成（ワークシートの説明）

❶ A，B 列に作業を A 欄に i，B 欄に j の値を記入する．ただし，最終作業として (6,6) を入れること．
❷ C 列に作業時間 $t(i,j)$ を記入する．
❸ D 列に作業の開始ノード番号の最早ノード時刻を記入する．
❹ G 列に作業の終了ノード番号の最遅ノード時刻を記入する．

記入すべきことは以上である．ワークシートに記入する計算式は以下のとおりである．

表 A.4 例題 A.2 の PERT 表

	A	B	C	D	E	F	G	H	I	J
1	開始	終了	時間	ES	EF	LS	LF	TF	FF	CP
2	1	2	10	0	10	0	10	0	0	●
3	1	3	1	0	1	13	14	13	0	
4	1	4	5	0	5	10	15	10	0	
5	2	5	8	10	18	10	18	0	0	●
6	3	4	1	1	2	14	15	13	3	
7	4	5	3	5	8	15	18	10	10	
8	5	6	2	18	20	18	20	0	0	●
9	6	6	−	20	−	−	20	−	−	
10										
11	↑	↑	↑	↑	↑	↑	↑	↑	↑	↑
12	転記	転記	転記	転記	自動計算	自動計算	転記	自動計算	自動計算	自動計算

❺ セル E2 に $[= C2 + D2]$ を記入し，それを残りの E 列にコピーする．
❻ セル H2 に $[= F2 - D2]$ を記入する．
❼ セル I2 に [=VLOOKUP(B2,$A$2:$D$9,4)-E2] を記入する．
❽ セル F2 に $[= G2 - C2]$ を記入する．
❾ セル J2 に $[= IF(H2 = 0, ●,)]$ を記入する．

すると，全余裕が 0 の作業の CP 欄に●が記入される．以上で，PERT 表は完成である（表 A.4）．

A.2.2 LP 法

「図解法への利用」は A.1 節で述べたので，ここではソルバーの利用を説明する．Excel 画面を出して，つぎの順に処理する．

(1) ソルバーの利用

まずは，ソルバーをアドインする方法から説明する．
[ファイル] => [オプション] => [アドイン] => [設定] => [ソルバーアドイン] をチェック（□内をクリック）=> [OK] を順にクリックすれば，ソルバーがアドインされる．

この操作をすると，画面上に [このアドインは Microsoft Office Excel で実行できません．この機能は現在インストールされていません．インストールしますか？] と表示されるので，[はい（Y）] をクリックすればインストールが開始される．

ソルバーがアドインされていれば，[データ] をクリックすれば，メニューの最右側に [ソルバー] の項目が表示されるようになる．これをクリックしてソルバーを立ち上げる．

つぎにソルバーを使うための準備の仕方を述べる．

❶ 入力表を作成する．数値や数式を入力する際は「＝」をはじめにつける（例題 3.1 の Excel への入力内容（表 3.2）参照）．
❷ 目的関数の値の欄をクリックする．
❸ ソルバーを起動させる．[データ] =>「分析」メニューの [ソルバー]
❹ パラメーター入力画面に切り替わる．例題 3.1 のソルバーにおけるパラメーター入力画面は図 A.3 である．
❺ 種々の条件（制約条件，変数の指定，目的関数の欄の指定，最大か最小か値の指定 … など）を入力する．[解決方法の選択] は [シンプレックス LP] とする．必要ならば，[オプション] ボタンをクリックして，さらなる指定を行う．
❻ すべての入力が終わったら，[解決] をクリックする．
❼ 最適解がみつかったかどうかが画面上に表示されるので，それに従いデータの交換などを行う．
❽ 最適解がみつかったが条件を変えて再試行したい場合は，何をどう変えたら良いかは「レポート」を参照する．レポートの選択肢として，[解答] [感度] [条件] の 3 種があるので，[解答] を選択して [OK] をクリックすると，ほかのシートに [解答レポート] が表示される．

図 A.3 ソルバーでのパラメータ入力画面

ソルバーの利用にあたって留意すべきことはつぎのとおり．
1) 変化させるデータ部分には，初期値として「1」を記入しておく．
2) 制約条件がすべて記入されていることを確認する（とくに，変数が負の値をとらないことを忘れがちなので注意すること）．
3) 最大値（最小値）を計算するセル（目的セル）を明示すると，入力時に便利である．
4) 必要な事項には可能な限り説明を入れ，ソルバーを実行する際の参考にする．

入力用の表 3.2 が Excel 上に作成できたら，「目的セル」（表 3.2 の目的関数の値 170 が表示されたセル）をクリックしてから，ソルバーを起動させる[1]．

最後に，注意事項を 2 点だけ述べておく．
1) 変数のとり得る値が「負でない数」（非負数）である場合とかそうでない場合があるが，その指定画面はパラメーター入力画面にある．
2) 変数が整数しかとらない場合は，制約条件の画面で，[追加] をクリックし,「変数」を指定すると条件が表示されるので，[整数] という選択肢を選ぶ．

A.2.3 AHP 法

(1) 各項目ごとのウエイトの求め方

一般に n 個の数の幾何平均とは，n 個の数を掛け算し，その n 乗根を求めることになる．具

---

1) ソルバーの起動には, [ツール]（または [データ]）タブをクリックし，[ソルバー] をクリックする．

体的に，3個の数字の幾何平均を求めてみよう．たとえば1, 3, 5 の幾何平均は，$1\times3\times5=15$ の 3 乗根を求める．これを手計算で求めることは容易ではないが，Excel を利用すれば簡単に求められる．ここで，Excel では，数 A の n 乗根は「=A^(1/n)」によって計算するから，これをふまえ，Excel 画面（表 A.5）を説明しよう．ただし，一般的な例ではなく，3 数の場合である．

表 A.5 一対比較行列の幾何平均

	A	B	C	D	…
1	(A1)	(B1)	(C1)	①	…
2	(A2)	(B2)	(C2)	②	…
3	(A3)	(B3)	(C3)	③	…
⋮	⋮	⋮	⋮	⋮	

① に [= (A1* B1* C1)^ (1/3)]，② に [= (A2* B2* C2)^ (1/3)]，③ に [= (A3* B3* C3)^ (1/3)] を記入すると，幾何平均値が自動的に計算される．①，②，③ の値はそれぞれ 1 行目，2 行目，3 行目の項目の幾何平均を表すことになる．この値からウエイトを計算することが可能となる．それは，

$$\text{該当項目のウエイト} = \frac{\text{該当項目の幾何平均}}{\text{全項目ごとの幾何平均の合計}}$$

である．1 行項目のウエイト＝①/(①＋②＋③) となる[1]．ほかの行項目も同様に計算される．この方法で例題 4.1 を処理すると，表 4.7 になる．

(2) ウエイト，固有値，C.I. の計算をする

ここでは，整合度（C.I.）を計算する段階である．第 1 段階は，ウエイトを求める作業である．これは，幾何平均から求めた各項目のウエイトをもとに各一対比較行列の成分を求める．これを例題 4.1 で説明する．ウエイト計算で得た表を利用して計算すると，第 3 列目の燃費の成分を見ると，0.33, 0.143, 1 になっている．燃費のウエイトは 0.65 だから，燃費に対する価格のウエイトは $0.33 \times 0.65 = 0.22$ になる．同様にして，燃費に対するデザインのウエイトは $0.143 \times 0.65 = 0.09$ になる．この方法で例題 4.1 の一対比較行列の成分を換算すると，表 4.9 になる．

換算された一対比較行列の成分の行ごとの横計を求めそれをウエイトで割れば，それは理想的な一対比較ができた場合は項目数と一致する．つまり，（最大）固有値と一致することがわかっている．よって，合計/ウエイトの合計を平均したものは（最大）固有値の推定値ということになる．また，C.I. は固有値が求められれば計算は可能である．以上の作業を Excel 上で実行した結果が表 4.9 である．（最大）固有値＝ 3.08 [= (G2 + G3 + G4)/3] と入力．C.I.＝ $0.04(3.08 - 3)/(3 - 1)$ となる．C.I. の値 0.04 は 0.15 を越えないので整合している．

---

[1] Excel では，[=D1/(D1+D2+D3)] と入力することになる．

A.2.4 ファジィ OR

（1）ファジィ LP 法の例題 5.3 に関するソルバーの補足事項

例題 5.3 をソルバーで処理するためには，図 A.4 のように，パラメーターを入力しなくてはならない．ただし，λ は Excel 上では r を用いていることに注意しておく[1]．

```
50r+50x+40y <= 3250
100r+50x+160y <= 11700
50r+60x+20y <= 3050
180x+100y-500r >=9800
x>=0, y>=0, r>=0, r<=1

P=r : (max)  目的関数
```

	r	x	y	計	制約条件	<=、>=
A	50	50	40	3250	3250	<=
B	100	50	160	6898.925	11700	<=
C	50	60	20	3050	3050	<=
D	-500	180	100	9800	9800	>=
生産量	0.849462	40.10753	30.05376			

目的： r (max)

図 A.4 例題 5.3 の Excel への入力内容

A.3 各手法での利用方法（2）

A.3.1 ゲーム理論

ゲーム理論では利得表の作成に利用することになる．関数 [=MIN(セル範囲, 数値)] を用いて行最小値を求める．ここで，セル範囲内の数字のなかでの最小値を求める．

A.3.2 乱数の生成

ここでは乱数の基本的な事項についてひととおりの説明をしておく．ここでの説明は主に第 8 章で利用されることになる．

乱数は，種々の統計的な処理をする際，無作為抽出を必要とする場合がある．その際必要になるのが乱数である．一般的に，乱数は乱数表という一覧表が用意されていてそれを用いて乱数を取り出すが，Excel で [= RAND()] という関数を使えば，人工的に生成することが可能である．これは，自動的に 0 以上 1 未満の一様乱数を生成する関数である．このように，コンピュータで生成する乱数のことを**算術乱数**という．必要な乱数を作成するにはつぎのようにする．

❶ 0 から 9 の整数を乱数として必要なら [= INT(RAND() * 10)] とすればよい．たとえば，RAND() = 0.1350··· ならば，INT(RAND() * 10) = 1 になる．

❷ 2 桁の整数の乱数が必要ならば，[= INT(RAND() * 100)] によって生成する．

[1) l はコンピュータのモニタでは 1 と区別できないので r を用いた．

❸ 少数第 2 位の数としての乱数が必要ならば，[= INT(RAND() * 100)/100] によって求める．たとえば，RAND() = 0.1350 … ならば，INT(RAND() * 100)/100 = 0.13 が計算結果である．

A.3.3 シミュレーション

表 A.6 は第 8 章の例題 8.5 のシミュレーション画面である．これを利用して Excel の手法をいくつか説明する．

表 A.6　例題 8.5 のシミュレーション結果

	A	B	C	D	E	F	G	H	I
1	U	V	着間隔	着時刻	S 開始	S 経過	S 終了	列待ち	遊休
2	-	14	-	0	0	6	6	0	0
3	99	96	0.2	0.2	6	24	30	5.8	0
4	64	76	8.92	9.12	30	12	42	20.88	0
⋮									
21	19	28	33.21	412.64	416.76	12	428.76	4.12	0
22	平均	45.3	21.7179			12		7.1105	9.438
23	合計					240		142.21	

表 A.6 で，サービス時間（S 時間）は対応表 A.7 に従って変換している．

なお，範囲欄の値は境界値と理解すればよい．具体的には，上の値を上限値とする変換が実施されるので，たとえば乱数が 14 であれば，サービス時間は 6 となる．これは，$0 < 14 \leq 17$ であるから，サービス時間は 6 が対応する．

Excel 上でどのように処理するか，具体的に説明する．

表 A.7　対応表

	K	L
1	範囲	S(分)
2	0	6
3	17	12
4	85	18
5	93	24

❶ セル A3 と B2 には，2 桁の一様乱数を生成する関数 [= INT(RAND() * 100)] が記入し，これを引き続く列にコピーする．ここに [= INT(A)] は A を整数に直す関数である．たとえば，INT(12.3) = 12 である．

❷ セル C3 には到着間隔を指数乱数として入力するが，平均到着率は $\lambda = 3$[人/時]，つまり 1/20[人/分] であるから，逆変換法によって指数乱数を生成する．Excel での関数は，[= INT(−20 * LN(A3/100) * 100)/100] となる．ここで，[=LN(B)] はすでに述べたとおり，B のときの自然対数の値に直す関数である．

❸ セル D2 には到着時間を計算する．最初の値 D2 には 0 を記入し，これを基準とすることになるが，前の値に到着間隔の乱数を累積して到着時刻が計算される．つまり，[D3 = A3 + D2] である．

❹ セル E2 にはサービス開始時間が計算される欄であるから，これは，前者のサービスが終了していれば，自身の到着時刻がサービス開始であり，終了していなければ，前者の

サービスの終了時刻が自身のサービス開始時刻になる．ただし，E2 は前者がいないので，到着時刻，つまり 0 が入る．よって，[= IF(D3 > G2, D3, G2)]．ここで，IF(P, Q, R) は，条件 P が正しければ Q が実施され，正しくなければ R が実施されるという関数である．

❺ セル F2 にはサービス時間が入ることになる．一般には指数分布などの既成の分布式であるが，ここでは経験上の統計データにもとづく分布に従う乱数が必要になるから C3 と同じような関数を入れると済むというものではない．そこで，離散分布が対応している乱数の生成方法をここで説明しておく．考え方はつぎのとおりである．

　乱数の値（2桁）が範囲内に入れば，その範囲に対応する値を S の時間欄に記入するというのが考え方である．これに従い，次式が F2 に入る．[= VLOOKUP(B2, K2:L5, 2)] ここで，VLOOKUP(P, Q, R) は，P の番地にある値と等しい値を対応表 Q のなかの最左列のなかから探し，等しい値があればその行の R 列目の値を取り出しなさいという関数である．

❻ セル G2 にはサービスの終了時間が入るので，開始時間にサービス時間を加えて終了時間が計算されることになる．つまり，[= E2 + F2] である．

❼ セル H2 列待ち時間の値が記入される．これは，到着時間とサービス開始時間との差で計算されることである．つまり，[= E2 − D2] である．

❽ セル I3 には遊休時間が計算されることになる．遊休は，前の者のサービスが終了して，つぎの到着者のサービスが始まるまでに差が生じる場合のことであるから，次式が立てられる．ただし，I2 = 0 とする．つまり，[= IF(G2 < D3, D3 − G2, 0)] である．

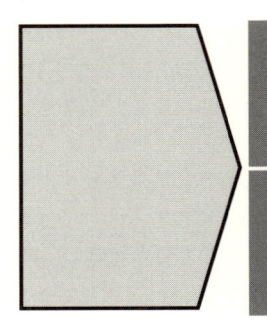

演習問題の解答例

【第2章】
2.1 (1) アローダイアグラムは解図2.1のようになる．

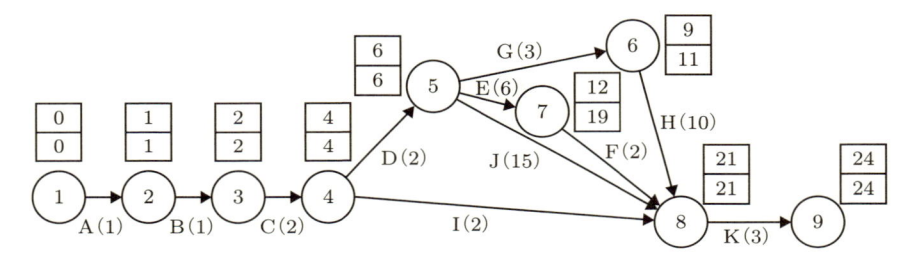

解図2.1 演習問題2.1のアローダイアグラム

(2) CP は，① → ② → ③ → ④ → ⑤ → ⑧ → ⑨である．

2.2 (1) アローダイアグラムは解図2.2(a)～(c)のとおり．

(a)

(b)

(c)

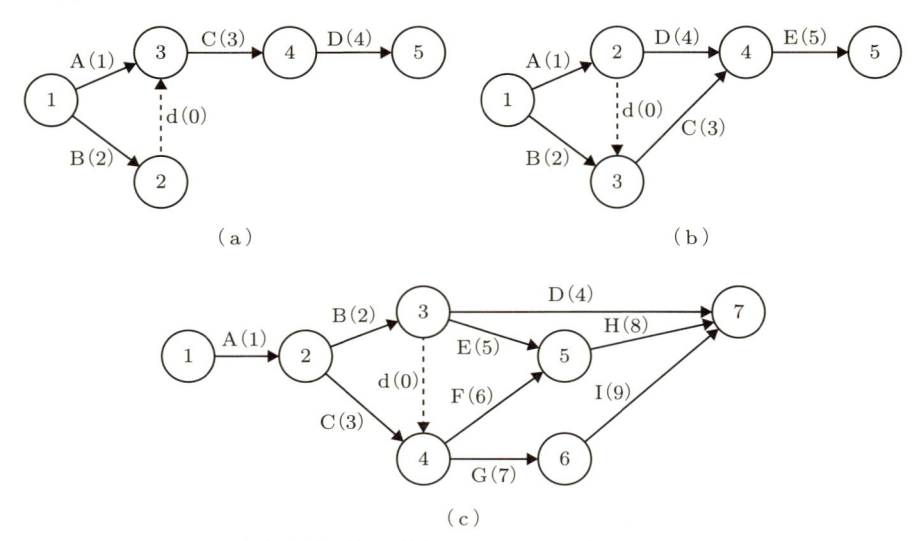

解図2.2 演習問題2.2のアローダイアグラム

(2) 最早ノード時刻，最遅ノード時刻は解表 2.1 のとおり．

(3) (a) PERT 表は解表 2.2(a) のとおり．CP は，① → ② → ③ → ④ → ⑤ である．

(b) PERT 表は解表 2.2(b) のとおり．CP は，① → ② → ④ → ⑤ （●で表示）と ① → ③ → ④ → ⑤ （†で表示）である．本問は，CP が 2 系統ある．

(c) PERT 表は解表 2.2(c) のとおり．CP は，① → ② → ④ → ⑥ → ⑦ である．

解表 2.1 演習問題 2.2 のノード時刻

(a)

	①	②	③	④	⑤
最早	0	2	2	5	9
最遅	0	2	2	5	9

(b)

	①	②	③	④	⑤
最早	0	1	2	5	10
最遅	0	1	2	5	10

(c)

	①	②	③	④	⑤	⑥	⑦
最早	0	1	3	4	10	11	20
最遅	0	1	4	4	12	11	20

解表 2.2 演習問題 2.2 の PERT 表

(a)

	(i,j)	t_{ij}	ES	EF	LS	LF	TF	FF	CP
A	(1,2)	2	0	2	0	2	0	0	●
B	(1,3)	1	0	1	1	2	1	1	
d	(2,3)	0	2	2	2	2	0	0	●
C	(3,4)	3	2	5	2	5	0	0	●
D	(4,5)	4	5	9	5	9	0	0	●
-	(5,5)	-		9		9			

(b)

	(i,j)	t_{ij}	ES	EF	LS	LF	TF	FF	CP
A	(1,2)	1	0	1	0	1	0	0	●
B	(1,3)	2	0	2	0	2	0	1	†
d	(2,3)	0	1	1	2	2	1	2	
D	(2,4)	4	1	5	1	5	0	0	●
C	(3,4)	3	2	5	2	5	0	0	†
E	(4,5)	5	5	10	5	10	0	0	●†
-	(5,5)	-		10		10			

(c)

	(i,j)	t_{ij}	ES	EF	LS	LF	TF	FF	CP
A	(1,2)	1	0	1	0	1	0	0	●
B	(2,3)	2	1	3	2	4	1	0	
C	(2,4)	3	1	4	1	4	0	0	●
d	(3,4)	0	3	3	4	4	1	1	
E	(3,5)	5	3	8	7	12	4	2	
D	(3,7)	4	5	7	16	20	13	4	
F	(4,5)	6	4	10	6	12	2	0	
G	(4,6)	7	4	11	4	11	0	0	●
H	(5,7)	8	10	18	12	20	2	2	
I	(6,7)	9	11	20	11	20	0	0	●
-	(7,7)	-		20		20			

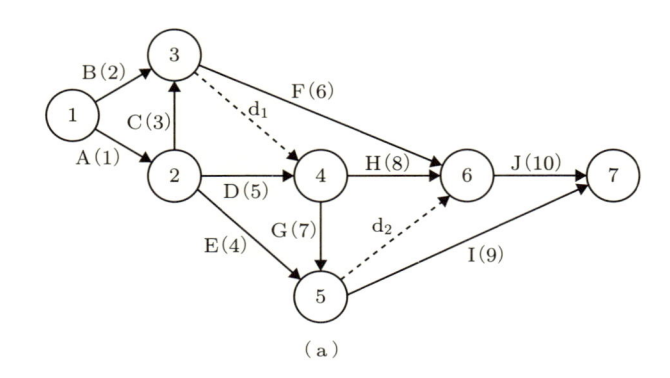

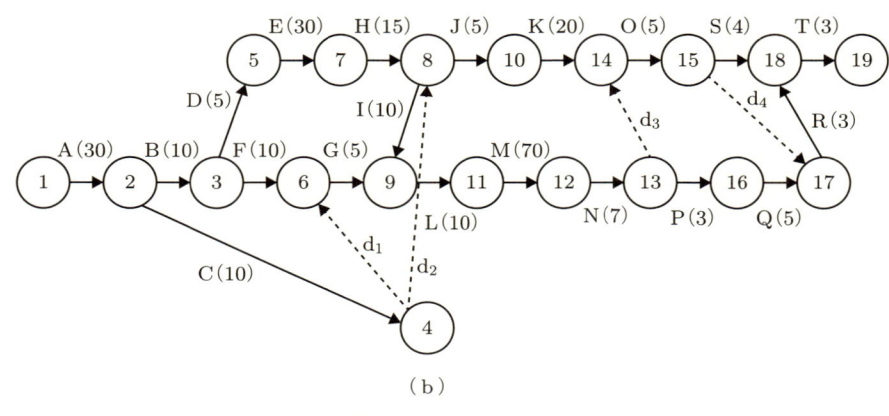

2.3 (a) アローダイアグラムは解図 2.3(a) のとおり．PERT 表は解表 2.3(a) のとおり．CP は ① → ② → ④ → ⑥ → ⑦ である．

(b) アローダイアグラムは解図 2.3(b) を参照のこと．PERT 表は解表 2.3(b) のとおり．CP は ① → ② → ③ → ⑤ → ⑦ → ⑧ → ⑨ → ⑪ → ⑫ → ⑬ → ⑯ → ⑰ → ⑱ → ⑲ である．

解図 2.3 演習問題 2.3 のアローダイアグラム

演習問題の解答例 151

解表 2.3 演習問題 2.3 の PERT 表

(a)

	(i,j)	t_{ij}	ES	EF	LS	LF	TF	FF	CP
A	(1,2)	1	0	1	0	1	0	0	●
B	(1,3)	2	0	2	5	7	5	2	
C	(2,3)	3	1	4	4	7	3	0	
D	(2,4)	5	1	6	1	6	0	0	●
E	(2,5)	4	1	5	10	14	9	8	
d_1	(3,4)	0	4	4	6	6	3	2	
F	(3,6)	6	4	10	8	14	4	0	
G	(4,5)	7	6	13	7	14	1	0	
H	(4,6)	8	6	14	6	14	0	0	●
d_2	(5,6)	0	13	13	14	14	1	1	
I	(5,7)	9	13	22	15	24	2	2	
J	(6,7)	10	14	24	14	24	0	0	●
-	(7,7)	-	24	-	-	24	-	-	

(b)

	(i,j)	t_{ij}	ES	EF	LS	LF	TF	FF	CP
A	(1,2)	30	0	30	0	30	0	0	●
B	(2,3)	10	30	40	30	40	0	0	●
C	(2,4)	10	30	40	80	90	50	0	
D	(3,5)	5	40	45	40	45	0	0	●
F	(3,6)	10	40	50	85	95	45	0	
d_1	(4,6)	0	40	40	95	95	55	10	
d_2	(4,8)	0	40	40	90	90	50	50	
E	(5,7)	30	45	75	45	75	0	0	●
G	(6,9)	5	50	55	95	100	45	45	
H	(7,8)	15	75	90	75	90	0	0	●
I	(8,9)	10	90	100	90	100	0	0	●
J	(8,10)	5	90	95	164	169	74	0	
L	(9,11)	10	100	110	100	110	0	0	●
K	(10,14)	20	95	115	169	189	74	72	
M	(11,12)	70	110	180	110	180	0	0	●
N	(12,13)	7	180	187	180	187	0	0	●
d_3	(13,14)	0	187	187	189	189	2	0	
P	(13,16)	3	187	190	187	190	0	0	●
O	(14,15)	5	187	192	189	194	0	0	
d_4	(15,17)	0	192	192	195	195	3	3	
S	(15,18)	4	192	196	194	198	2	2	
Q	(16,17)	5	190	195	190	195	0	0	●
R	(17,18)	3	195	198	195	198	0	0	●
T	(18,19)	3	198	201	198	201	0	0	●
-	(19,19)	-	201	-	-	201	-	-	

2.4 CP は，アローダイアグラム上に書き込むことによって得られる．(a) の CP は，① → ② → ③ → ⑤ → ⑦ → ⑨ → ⑩，(b) の CP は，① → ④ → ⑤ → ⑥ → ⑦ → ⑧ → ⑩ である．

2.5 (1) 作業リスト（図示の都合上，作業に A～G と名付ける）は解表 2.4 のとおり．

解表 2.4 演習問題 2.5 の作業リスト

作業	先行作業	時間
A(1,2)	なし	4
B(1,3)	なし	6
C(2,5)	A	8
D(3,4)	A, B	3
E(5,6)	C, D	4
F(4,6)	D	4
G(6,7)	E, F	6

(2) アローダイアグラムは解図 2.4 のとおり．

(3) これは，CP 上の作業を検討する．ここで，(1,2)，(2,5)，(5,6)，(6,7) の作業時間はそれぞれ 4, 8, 4, 6 日であるから，日数の多い (2,5)，(6,7) が 1 日短縮の候補となる．

(4) 作業の遅れがつぎの作業に影響するかどうかは自由余裕（FF）で判断する．仕事 (4,6) に 4 日の余裕があるので，自由余裕の範囲で遅らせることが許される．したがって，新人に担当させるのであれば，ダミー作業以外の (4,6) である．

(5) 完成までの日数は増やすことはできない（工期の遅延はできない）ので，CP 上の仕事の日数は増やせない．しかし，全余裕（TF）がある仕事はその範囲内で増やすことが可能である．よって，仕事 (1,3)，(2,3)，(3,4)，(4,5)，(4,6) がそれぞれ，3, 5, 3, 3, 3 日の余裕がある．よって，作業時間が 0 であるダミー作業 (2,3)，(4,5) 以外であればどの仕事の日数を TF の範囲で増やしても工期は遅れない．

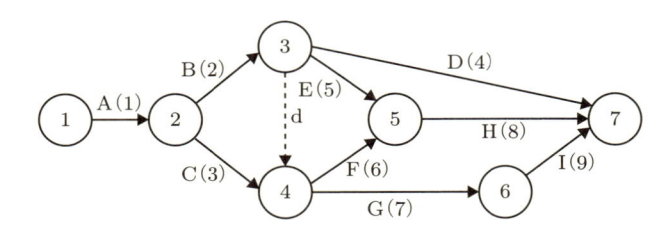

解図 2.4 演習問題 2.5 のアローダイアグラム

【第 3 章】

3.1 X を x 個，Y を y 個購入すると考えると，

A に関しては：$2x + y \geq 18$　　　…①

B に関しては：$3x + 2y \geq 30$　　　…②

$P = 9x + 5y$（最小化）（$P = 25$ の場合）　…③

を図示したのが解図 3.1 である．図から，$x = 6$，$y = 6$ のとき，最小値 84 をとることがわかる．これを題意に沿って単位を円に直せば，$x = 6$，$y = 6$ のとき，最小値 $P = 8400$ 円となる．

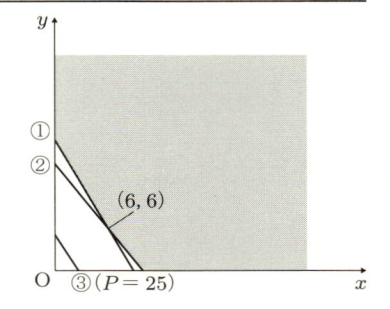

解図 3.1 演習問題 3.1 の実行可能領域

3.2 与えられた問題を双対法で書き換えると，

$$y_1 + 3y_2 \leq 12 \quad \cdots ①$$
$$y_1 + y_2 \leq 6 \quad \cdots ②$$
$$2y_1 + y_2 \leq 10 \quad \cdots ③$$
$$g = 10y_1 + 20y_2 \quad (最大化)$$

となる．これを図示すると，解図 3.2 のようになる．図から，境界上の点である $(3,3)$，$(4,2)$ が最大値の候補である．値を g に代入すれば，$y_1 = 3$，$y_2 = 3$ のとき，最大値 $g = 90$ となる．

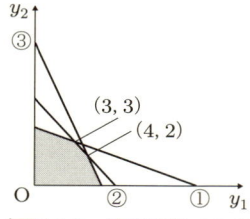

解図 3.2 演習問題 3.2 の実行可能領域

念のため，このときの元の問題の x_1，x_2，x_3 の値も求めておく．双対法で求めた値は，$y_1 = y_2 = 3$，$g = 90$ であるから，元の問題に関してはつぎの連立方程式が成り立つ．

$$x_1 + x_2 + 2x_3 = 10$$
$$3x_1 + x_2 + x_3 = 20$$
$$f = 12x_1 + 6x_2 + 10x_3 = 90$$

これを解けば，$x_1 = x_2 = 5$，$x_3 = 0$ のとき，最小値 $f = 90$ となり，これが求める解答になる．

3.3 A，B，C の購入量をそれぞれ a，b，c kg とすると，

$$X \text{に関して：} 3a + 2b + 3c \geq 1000$$
$$Y \text{に関して：} a + 4b + 4c \geq 1500$$
$$P = 1000a + 1200b + 1500c \text{（最小化）}$$
$$\text{付加条件 } a \leq 90$$

となる．これをソルバーで解くために，Excel に解表 3.1 を作成し，ソルバーを適用する．この表についてソルバーを実行して得た結果が解表 3.2 である．目的関数の値は $P = 520500$ である．

解表 3.1 演習問題 3.3 の Excel への入力内容

\	A	B	C	制約	
X の条件	3	2	3	1000	≥
Y の条件	1	4	4	1500	≥
A の制限	1	0	0	90	≤
価格	1000	1200	1500		
購入量	1	1	1		

解表 3.2 演習問題 3.3 のソルバーによる解析結果

\	A	B	C	制約	
X の条件	3	2	3	1000	≥
Y の条件	1	4	4	1500	≥
A の制限	1	0	0	90	≤
価格	1000	1200	1500		
購入量	90	327.5	25		

3.4 A から X, Y への納品個数をそれぞれ a_1, a_2 とおき，B から X, Y への納品個数をそれぞれ b_1, b_2 とおき，C から X, Y への納品個数をそれぞれ c_1, c_2 とおくと，

$$a_1 + a_2 = 20, \quad b_1 + b_2 = 60, \quad c_1 + c_2 = 30$$
$$a_1 + b_1 + c_1 = 50, \quad a_2 + b_2 + c_2 = 60$$
$$P = 7a_1 + 9a_2 + 8b_1 + 6b_2 + 4c_1 + 7c_2 \quad \text{（最小化）}$$

となる．さらに，$a_i, b_i, c_i (i = 1, 2)$ は整数である．これをソルバーで解けば，$a_1 = 0$, $a_2 = 20$, $b_1 = 50$, $b_2 = 10$, $c_1 = 0$, $c_2 = 30$ を得る．輸送費の最小値は 504 万円である．

3.5 X から a, b, c への移動数をそれぞれ x_1, x_2, x_3，Y から a, b, c への移動数をそれぞれ y_1, y_2, y_3 とおくと，次式が成り立つ．

$$x_1 + x_2 + x_3 \leq 15$$
$$y_1 + y_2 + y_3 \leq 20$$
$$x_1 + y_1 = 11$$
$$x_2 + y_2 = 5$$
$$x_3 + y_3 = 9$$
$$P = 4x_1 + 2x_2 + 5x_3 + 7y_1 + 3y_2 + 4y_3 \quad \text{（最小化）}$$

さらに，$x_i, y_i (i = 1, 2, 3)$ は整数である．この連立不等式をソルバーで解けば，$x_1 = 11$, $x_2 = 4$, $x_3 = 0$, $y_1 = 0$, $y_2 = 1$, $y_3 = 9$ を得る．最小値は，$P = 91$ である．

3.6 A から E, K, J への異動人数をそれぞれ a_1, a_2, a_3 とし，同じく B からは b_1, b_2, b_3 とし，C からは c_1, c_2, c_3 とすると，次式が成り立つ．

$$a_1 + a_2 + a_3 = 1, \quad b_1 + b_2 + b_3 = 1, \quad c_1 + c_2 + c_3 = 1$$
$$a_1 + b_1 + c_1 = 1, \quad a_2 + b_2 + c_2 = 1, \quad a_3 + b_3 + c_3 = 1$$
$$P = 5a_1 + 10a_2 + 8a_3 + 8b_1 + 7b_2 + 6b_3 + 4c_1 + 7c_2 + 9c_3 \quad \text{（最大化）}$$

さらに，$a_i, b_i, c_i (i = 1, 2, 3)$ は整数である．これらの連立方程式を満たす整数解をソルバーで解けば，$a_2 = 1$, $b_1 = 1$, $c_3 = 1$ を得る．最大値は 27 である．

3.7 (1) A に I の仕事を割り振ることを a_1 で表すことにする．以下同様にして，a_2, a_3, a_4, a_5, a_6, b_1, b_2, b_3, b_4, b_5, b_6, c_1, c_2, c_3, c_4, c_5, c_6, d_1, d_2, d_3, d_4, d_5, d_6, e_1, e_2, e_3, e_4, e_5, e_6 で表す．すると，次式が成り立つ．

$$a_1 + a_2 + a_3 + a_4 + a_5 + a_6 = 1, \quad b_1 + b_2 + b_3 + b_4 + b_5 + b_6 = 1$$
$$c_1 + c_2 + c_3 + c_4 + c_5 + c_6 = 1, \quad d_1 + d_2 + d_3 + d_4 + d_5 + d_6 = 1$$
$$e_1 + e_2 + e_3 + e_4 + e_5 + e_6 = 1$$

$$a_1 + b_1 + c_1 + d_1 + e_1 \leq 1, \quad a_2 + b_2 + c_2 + d_2 + e_2 \leq 1$$
$$a_3 + b_3 + c_3 + d_3 + e_3 \leq 1, \quad a_4 + b_4 + c_4 + d_4 + e_4 \leq 1$$
$$a_5 + b_5 + c_5 + d_5 + e_5 \leq 1, \quad a_6 + b_6 + c_6 + d_6 + e_6 \leq 1$$
$$P = 20a_1 + 15a_2 + 26a_3 + 40a_4 + 32a_5 + 12a_6 + 15b_1 + 32b_2 + 46b_3$$
$$+ 26b_4 + 28b_5 + 20b_6 + 18c_1 + 15c_2 + 2c_3 + 12c_4 + 6c_5 + 14c_6$$
$$+ 8d_1 + 24d_2 + 12d_3 + 22d_4 + 22d_5 + 20d_6 + 12e_1 + 20e_2 + 18e_3$$
$$+ 10e_4 + 22e_5 + 15e_6 \quad (最小化)$$

となり，これをソルバーで解く．AにⅡ，BにⅥ，CにⅢ，DにⅠ，EにⅣの仕事を割り振るときが，最小時間となる．要する時間は 55 である．

(2) 本問では，各人の終了時間のなかの最大値を調べ，それを P とおくとき，P のなかの最小値を考える．よって，問題の立式はまったく同じであるが，目的関数が異なる．

$$P = MAX(20a_1, 15a_2, \ldots, 22e_5, 15e_6)$$

とおき，P の最小値を求める[1]．その結果はつぎのとおりとなる．AにⅥ，BにⅠ，CにⅤ，DにⅢ，EにⅣの仕事を割り振れば，これが，全員がもっとも早く終了する場合になる．また，$P = 15$ であり，このときの時間総和は 55 になる．これは，(1) の結果と同じである．

【第4章】

AHP法の固有値計算に関しては，本文では幾何平均を用いて計算すれば，近似値が得られると説明した．ここでは，それに従って計算するが，これは近似値であることは承知のうえで使わなくてはならない．問題の解答に関しては固有値を求めることが可能な読者への配慮として真の値に近い結果を提案することにした．そこで，固有値のもっとも良い近似値であるといわれるべき乗法[2]に従った結果を載せることにする．

4.1 評価項目のウエイトは，家賃が 0.60，距離が 0.32，環境が 0.08 になり，最大固有値は 3.23 となる．これから，C.I.= 0.12 < 0.15 になり，整合度は十分である[3]．これを，本文に従った幾何平均から求めた近似値と比較してみると，最大固有値の近似値は 3.25 であるから，C.I.= 0.13 になり，べき乗法の結果と大した差はない．ただし，0.15 に近い値の場合は微妙なことになる．これをふまえ，べき乗法の結果を解答として載せておく．

---

1) P の意味をていねいに述べると，つぎのとおり．① すべての変数 $a_1, \ldots, e_6$ は 0 または 1 をとる．② 変数を変化させる．③ 変数のとり得る値ごとの $20a_1, \ldots, 15e_6$ の最大値を求める．④ ③で求めた値のなかの最小の場合を決める．
2) たとえば，参考図書 [7] 参照．
3) 本問では，C.I. は 0.15 未満を整合度ありと判断し，0.15 以上は不整合と判断することにした．

代替案の重み付けを計算する．家賃のウエイト，最大固有値，C.I. はつぎのようになる．

A 町：0.54，B 町：0.30，C 町：0.16；固有値 3.26，C.I. = 0.13 < 0.15

距離のウエイト，最大固有値，C.I. はつぎのようになる．

A 町：0.54，B 町：0.30，C 町：0.16；固有値 3.003，C.I. = 0.01 < 0.15

環境のウエイト，最大固有値，C.I. はつぎのようになる．

A 町：0.23，B 町：0.62，C 町：0.14；固有値 3.02，C.I. = 0.01 < 0.15

以上の値を総合評価値に総括すれば，A 町は 0.38，B 町は 0.44，C 町は 0.18 から B > A > C となり，下宿先は B 町に決まる．

4.2 評価項目のウエイト，固有値，C.I. はそれぞれつぎのようになる

性能：0.74，価格：0.17，型式：0.09；固有値 3.23，C.I. = 0.12 < 0.15

代替案の比較について，性能のウエイト，固有値，C.I. はそれぞれつぎのようになる

A 社：0.60，B 社：0.32，C 社：0.07；固有値 3.23，C.I. = 0.12 < 0.15

価格のウエイト，固有値，C.I. はそれぞれつぎのようになる

A 社：0.60，B 社：0.29，C 社：0.10；固有値 3.14，C.I. = 0.07 < 0.15

型式のウエイト，固有値，C.I. を求めると，C.I. が 0.23 になり，不整合である．そこで，試行錯誤によって修正を試みた．大きな値になっている 1 行 2 列目の値 5 が大きいので，これを 1 段階小さくして 3 に変更してみた．すると，つぎのようになった．

A 社：0.54，B 社：0.30，C 社：0.16；固有値 3.26，C.I. = 0.13 < 0.15

以上の値を総合評価値に総括すれば，A 社は 0.59，B 社は 0.32，C 社は 0.09 から A > B > C となり，A 社のエアコンに決まる．

4.3 評価項目のウエイト，固有値，C.I. は，つぎのようになる

資本：0.54，厚生：0.10，給料：0.36；固有値 3.09，C.I. = 0.05 < 0.15

代替案の比較について，資本のウエイト，固有値，C.I. は，つぎのようになる

A 社：0.33，B 社：0.57，C 社：0.10；固有値 3.02，C.I. = 0.01 < 0.15

厚生のウエイト，固有値，C.I. は，つぎのようになる

A 社：0.29, B 社：0.16, C 社：0.53；固有値 3.01, C.I. = 0.01 < 0.15

給料のウエイト，固有値，C.I. は，つぎのようになる

A 社：0.51, B 社：0.35, C 社：0.12；固有値 3.11, C.I. = 0.05 < 0.15

以上の値を総合評価値に総括すれば，A 社は 0.39，B 社は 0.45，C 社は 0.15 から B > A > C となり，B 社，A 社，C 社の順になる．

【第 5 章】

5.1 3 ぐらいを $\tilde{3}$ で表すと，つぎのようになる．

$$\tilde{3} \oplus \tilde{3} = (0.4/2 \vee 1.0/3 \vee 0.6/4) \oplus (0.4/2 \vee 1/3 \vee 0.6/4)$$
$$= (0.4/4 \vee 0.4/5 \vee 0.4/6) \vee (0.4/5 \vee 1.0/6 \vee 0.6/7) \vee (0.4/6 \vee 0.6/7 \vee 0.6/8)$$
$$= 0.4/4 \vee \max\{0.4, 0.4\}/5 \vee \max\{0.4, 1.0\}/6 \vee \max\{0.6, 0.6\}/7 \vee 0.6/8$$
$$= 0.4/4 \vee 0.4/5 \vee 1/6 \vee 0.6/7 \vee 0.6/8$$

また，$2 \otimes \tilde{3}$ はつぎのようになる．

$$2 \otimes \tilde{3} = 0.4/(2 \times 2) \vee 1/(2 \times 3) \vee 0.6/(2 \times 4) = 0.4/4 \vee 1/6 \vee 0.6/8$$

どちらが良いとは一概にはいえないが，細かい変動がわかるのは $\tilde{3} + \tilde{3}$ である．

5.2 解図 5.1 のアローダイアグラムを参照して判断する．まず悲観的な場合から考えてみよう．

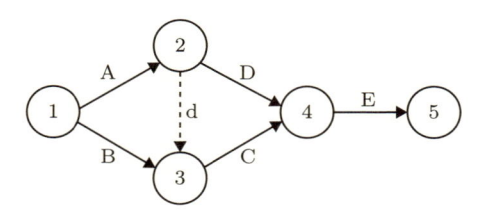

解図 5.1 演習問題 5.2 のアローダイアグラム

① から ⑤ までのパスは，つぎのようになる．

$$\text{I} = \text{A} \to \text{D} \to \text{E} \cdots (5,6,8) \oplus (5,8,9) \oplus (3,4,5) = (13,18,22)$$
$$\text{II} = \text{A} \to \text{d} \to \text{C} \to \text{E} \cdots (5,6,8) \oplus (0,0,0) \oplus (2,3,4) \oplus (3,4,5) = (10,13,17)$$
$$\text{III} = \text{B} \to \text{C} \to \text{E} \cdots (3,4,6) \oplus (2,3,4) \oplus (3,4,5) = (8,11,15)$$

したがって，

$$\widehat{\mathrm{I}} = \frac{13+2\times 18+22}{4}=17.75, \quad \widehat{\mathrm{II}} = \frac{10+2\times 13+17}{4}=13.25$$
$$\widehat{\mathrm{III}} = \frac{8+2\times 11+15}{4}=11.25$$

となるので，Ⅰが優越することがわかる．よって，Ⅰが最早到達時間の TFN になる．ここから，ミンコウスキーの減算によって逆コースで①まで戻ることになる．⑤→④→②→①と戻る場合を，まず考える．⑤の最遅ノード時刻は，最早ノード時刻と同じ 17.75 である．④への戻り方は E で戻るから $(13,18,22)(-)_m(3,4,5)=(10,14,17)$ となり，④の最遅ノード時刻は，$(10+2\times 14+17)/4=13.75$ になる．④から②へは D で戻るから，$(10,14,17)(-)_m(5,8,9)=(5,6,8)$ となり，②の最遅ノード時刻は $(5+2\times 6+8)/4=6.25$ となる．②から①へは A で戻るから，$(5,6,8)(-)_m(5,6,8)=(0,0,0)$ となる．同じ作業を①→②→③→④→⑤や①→③→④→⑤の場合も検討する必要がある．

この方法は，パスが少ない場合は良いが，多くなれば避けたい．そこで，ここでは別解法を与えよう．

最早ノード時刻，最遅ノード時刻を解表 5.1 で得た代表通常数で与えたものが解表 5.2 である．表から，悲観的な場合の CP は①→②→④→⑤である．これからわかるとおり，代表通常数を最早ノード時刻，最遅ノード時刻そのものと考え，PERT 法の手法を適用すれば良い．

楽観的な場合は，解表 5.3 で得た代表通常数で解答を作成する．また，最早ノード時刻，最遅ノード時刻（マイナー）は解表 5.4 のようになる．よって，楽観的な場合も CP は①→②→④→⑤である．

解表 5.1 演習問題 5.1 のメジャー TFN と代表通常数

作業	メジャー TFN	代表通常数
A(1,2)	(5,6,8)	$\frac{5+12+8}{4}=\frac{25}{4}=6.25$
B(1,3)	(3,4,6)	$\frac{3+8+6}{4}=\frac{17}{4}=4.25$
d(2,3)	(0,0,0)	0
D(2,4)	(5,8,9)	$\frac{5+16+9}{4}=\frac{30}{4}=7.5$
C(3,4)	(2,3,4)	$\frac{2+6+4}{4}=\frac{12}{4}=3.0$
E(4,5)	(3,4,5)	$\frac{3+8+5}{4}=\frac{16}{4}=4.0$

解表 5.2 演習問題 5.2 の最早・最遅ノード時刻一覧（メジャー）

ノード	①	②	③	④	⑤
最早	0	6.25	6.25	13.75	17.75
最遅	0	6.25	10.75	13.75	17.75
余裕	0	0	4.5	0	0

解表 5.3 演習問題 5.2 のマイナー TFN と代表通常数

作業	マイナー TFN	代表通常数
A(1,2)	(5, 5, 7)	$\frac{5+10+7}{4} = \frac{22}{4} = 5.5$
B(1,3)	(2, 4, 5)	$\frac{2+8+5}{4} = \frac{15}{4} = 3.75$
d(2,3)	(0, 0, 0)	0
D(2,4)	(3, 7, 8)	$\frac{3+14+8}{4} = \frac{25}{4} = 6.25$
C(3,4)	(1, 2, 3)	$\frac{1+4+3}{4} = \frac{8}{4} = 2.0$
E(4,5)	(2, 3, 4)	$\frac{2+6+4}{4} = \frac{12}{4} = 3.0$

解表 5.4 演習問題 5.2 の最早ノード時刻と最遅ノード時刻一覧（マイナー）

ノード	①	②	③	④	⑤
最早	0	5.5	3.75	11.75	14.75
最遅	0	5.5	9.75	11.75	14.75
余裕	0	0	6.0	0	0

5.3 与えられた式(5.22)〜(5.25)を帰属度関数で表せば，

$$1 - \frac{3x+4y-60}{5} = \frac{-3x-4y+65}{5} \geq \lambda$$

$$1 - \frac{3x+2y-42}{3} = \frac{-3x-2y+45}{3} \geq \lambda$$

$$1 + \frac{5x+4y-80}{10} = \frac{5x+4y-70}{10} \geq \lambda$$

$$0 \leq \lambda \leq 1$$

となり，これを満たす λ（最大化）をソルバーで求める．これを解いた結果が $x = 8.09$，$y = 9.26$，$\lambda = 0.75$ である．帰属度が 0.75（< 0.15）であるから，良い結果であると判断できる．

5.4 一対比較値をファジィ数と考え，$\tilde{1} = (1,1,2)$，$\tilde{4} = (3,4,5)$，$(\frac{\tilde{1}}{4}) = (\frac{1}{5}, \frac{1}{4}, \frac{1}{3})$ とする．定義にもとづきウエイトを求める．ただし，計算はファジィ数計算である．$\tilde{A} = (\tilde{1} \times \tilde{4})^{1/2} = (3,4,10)^{1/2} = (1.73, 2, 3.16)$，$\tilde{B} = \left((\frac{\tilde{1}}{4}) \times \tilde{1}\right)^{1/2} = \left(\frac{1}{5}, \frac{1}{4}, \frac{2}{3}\right)^{1/2} = (0.45, 0.5, 0.82)$ であるから，$\tilde{A} + \tilde{B} = (2.18, 2.5, 3.98)$ になるので，$\frac{\tilde{A}}{\tilde{A}+\tilde{B}} = (0.43, 0.8, 1.45) = w_{\tilde{A}}$，$\frac{\tilde{B}}{\tilde{A}+\tilde{B}} = (0.11, 0.2, 0.38) = w_{\tilde{B}}$．これをグラフ化すると解図 5.2 になる．

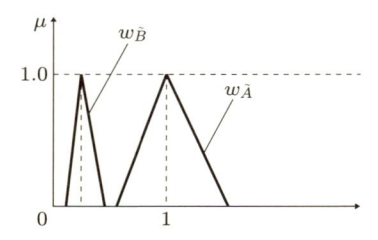

解図 5.2 演習問題 5.4 のウエイト帰属度

【第6章】

6.1 (a) 利得表の行の最小値と列の最大値を表に追加記入すると，解表 6.1(a) になる．表から，「行の最小値のなかの最大値＝列の最大値のなかの最小値＝ 3」であることがわかる．よって，鞍点は存在し，(a_3, b_2) である．

(b) 利得表の行の最小値と列の最大値を表に追加記入すると，解表 6.1(b) になる．表から，「行の最小値のなかの最大値＝列の最大値のなかの最小値＝ 2」であることがわかる．よって，鞍点は存在し，(a_3, b_4) である．

解表 6.1 演習問題 6.1 の利得表

(a)

Aの手 \ Bの手	b_1	b_2	b_3	min
a_1	2	1	5	1
a_2	4	2	2	2
a_3	3	3	4	3
max	4	3	5	③

(b)

Aの手 \ Bの手	b_1	b_2	b_3	b_4	min
a_1	6	5	4	1	1
a_2	2	1	3	1	1
a_3	5	5	6	2	2
max	6	5	6	2	②

6.2 (a) 利得表の行の最小値のなかの最大値と，列の最大値のなかの最小値を調べると一致しない．つまり，鞍点は存在しないことがわかる．よって，混合戦略で求める．Aの戦略 a_1, a_2 をとる確率をそれぞれ x_1, x_2 とおくと，純粋戦略と混合戦略の関係定理からつぎが成り立つ．

$$x_1 + 7x_2 \geq w$$
$$3x_1 + 5x_2 \geq w$$
$$4x_1 + 2x_2 \geq w$$
$$x_1 + x_2 = 1$$
$$w : （最大化）$$

これらを満たす x_1, x_2, w を求める．これを計算すると，$x_1 = 3/4$, $x_2 = 1/4$ のとき，最大値 $w = 7/2$ となる．

(b) 鞍点はないので，前問と同様に考えて解く．戦略 a_1, a_2, a_3 をとる確率をそれぞれ x_1, x_2, x_3 とおくと，つぎが成り立つ．

$$5x_1 + 4x_2 + 3x_3 \geq w$$
$$4x_1 + 3x_2 + 5x_3 \geq w$$
$$2x_1 + 6x_2 + x_3 \geq w$$
$$x_1 + x_2 + x_3 = 1$$
$$w : （最大化）$$

これを解くと，$x_1 = 0.13$, $x_2 = 0.53$, $x_3 = 0.3$ のとき，最大値 $w = 3.79$ となる．

6.3 (a) 鞍点は存在しないから，混合戦略で最適解を求める．戦略 a_1, a_2 をとる確率を x_1, x_2 $(x_1 + x_2 = 1)$ とすると，つぎが成り立つ．

$$x_1 + 5x_2 \geq w$$
$$6x_1 \geq w$$
$$4x_1 + x_2 \geq w$$
$$x_1 + x_2 = 1$$
$$w:（最大化）$$

これを解いて，$x_1 = 1/2$, $x_2 = 1/2$ のとき，最大値 $w = 3$ となる．

(b) b_1 の列より b_2 の列のほうが小さな値になっているから，b_2 は b_1 に優越している．よって，b_1 を消去する．さらに，a_3 の行より a_2 の行のほうが大きな値になっているから，a_2 は a_3 に優越している．よって，a_3 の行を消去して，残された成分で最適解を求める．a_1, a_2 をとる確率を x_1, x_2 とおくと，つぎが成り立つ．

$$4x_1 + 3x_2 \geq w$$
$$2x_1 + 4x_2 \geq w$$
$$x_1 + x_2 = 1$$
$$w:（最大化）$$

これを解いて，$x_1 = 1/3$, $x_2 = 2/3$ のとき，最大値 $w = 10/3$ となる．

6.4 利得行列の全成分に 3 を加えて，負の要素をなくす．1 列は 2 列に優越するので 2 列を消去する．さらに，2 行は 3 行に優越するので 3 行を消去する．残された成分で考えると鞍点は存在する．それは，戦略 (a_1, b_2) である．ゲームの値は 4 である．

6.5 自分が容疑者の 1 人になったとして考えてみよう．「黙秘」したとき，相手が「自白」すれば 10 年の懲役，相手が「黙秘」すれば 3 年の懲役になる．よって，少なくとも 3 年の懲役は科され，悪ければ 10 年の懲役となる．一方，「自白」したとき，相手が「自白」すれば懲役 7 年，相手が「黙秘」すれば懲役 1 年となる．良くて 1 年，悪くて 7 年となる．よって，利得を考えれば，「自白」が得策である．

この問題は「囚人のジレンマ」という有名な問題である．このような問題を非協力非ゼロ和ゲームといい，本書で扱わなかった問題である．これを扱う理論が**ナッシュ均衡解**という考え方である．さらに深い知識を得たければ，参考図書 [7] などを参照のこと．

【第 7 章】

7.1 到着は平均 5 [人/時間] のポアソン分布であり，サービスは平均 10 [分/人] の指数分布と考えることにし，$M/M/1(\infty)$ の公式を利用する．

（1）式 (7.17) から，$\lambda = 5$ [人/時間] $= 1/12$ [人/分], $\mu = 10$ [分/人] $= 1/10$ [人/分] $= 6$ [人/時間] であるから，$\rho = \lambda/\mu = 5/6 (< 1)$ となる．よって，$W_q = 5/\{6(6-5)\} = 5/6$ [時間].

(2) 求める確率は $P_n = \rho^n(1-\rho)$ で $n=0$ においた値であるから，$P_0 = \rho^0(1-\rho) = 1 - \rho = 1 - 5/6 = 1/6$．

(3) 式 (7.16) から，$L_q = (5/6)^2 \times 1/(1-1/6) = 25/6 = 4.16$ [人]．

7.2 $M/M/s(\infty)$ の場合である．平均待ち時間は式 (7.17) により，$W_q = \dfrac{1}{\lambda} L_q = \dfrac{1}{\lambda} \cdot \dfrac{s^s}{s!} \cdot \dfrac{\rho^{s+1}}{(1-\rho)^2} P_0$．ここで，$a = \lambda/\mu$, $\rho = a/s$ である．また，$\lambda = 2$ [人/時間] であり，$\mu = 20$ [分/人] $= 3$ [人/時間] である．これをもとに計算する．$\dfrac{1}{P_0} = 1 + a + \dfrac{a^2}{2!} + \cdots + \dfrac{a^{s-1}}{(s-1)!} + \dfrac{a^s}{(s-1)!(s-a)}$ に $s = 2, 3$ を代入する．$a = 2/3$ であるから，$s = 2$ のとき，$\rho = a/2 = 1/3$, $s = 3$ のとき，$\rho = a/3 = 2/9$ となる．まず，P_0 から求める．

$s = 2$ ならば，$\dfrac{1}{P_0} = 1 + a + \dfrac{a^2}{(2-a)} = 1 + \dfrac{2}{3} + \dfrac{4}{9}\dfrac{1}{1-2/3} = 2$．よって，$s = 2$ のとき，$P_0 = 1/2$ となる．$s = 3$ ならば，$\dfrac{1}{P_0} = 1 + a + \dfrac{a^2}{2!} + \dfrac{a^3}{2!(3-a)} = 1 + \dfrac{2}{3} + \dfrac{2}{9} + \dfrac{4}{63} = \dfrac{113}{63}$．

よって，$s = 3$ のとき $P_0 = 63/113$ となるから，$W_q = \dfrac{1}{\lambda} L_q$, $L_q = \dfrac{s^s}{s!} \cdot \dfrac{\rho^{s+1}}{(1-\rho)^2} P_0$ となる．以上から，$s = 2$ と $s = 3$ に分けて計算しよう．

$s = 2$ の場合は，$\rho = a/2 = 1/3$, $P_0 = 1/2$ であるから，$L_q = \dfrac{2^2}{2!} \cdot \dfrac{(1/3)^3}{(1-1/3)^2} \cdot \dfrac{1}{2} = \dfrac{1}{12}$．よって，平均待ち時間は，$W_q = \dfrac{1}{2} L_q = 1/24$ [時間] $= 2.5$ [分]．

$s = 3$ の場合は，$\rho = a/3 = 2/9$, $P_0 = 63/113$ であるから，$L_q = \dfrac{3^3}{3!} \cdot \dfrac{(2/9)^4}{(1-2/9)^2} \cdot \dfrac{63}{113} = \dfrac{8}{113 \times 7} = \dfrac{8}{791}$．よって，平均待ち時間は，$W_q = \dfrac{1}{2} L_q = 4/791$ [時間]．

以上から，2 人にするだけで待ち時間は十分に少なくなることがわかる．

7.3 客の到着は $1/5$ [人/分] $= 12$ [人/時間] のポアソン分布であり，タクシーの $1/4$ [台/分] $= 15$ [台/時間] で到着する．これに客が乗ればそこでサービスは終了すると考えればよいから，タクシーの到着時間はサービスの時間と考えられるので，指数分布になる．よって，この待ち行列は $\lambda = 12$ [人/時間], $\mu = 15$ [人/時間] である．4 人で立ち去ってしまうのであるから，これは $M/M/1(4)$ の場合であると考えてよい．ここで，$P_n = \dfrac{(1-\rho)\rho^4}{1-rho^5}$ である．

(1) 呼損率は $\dfrac{(1-\rho)}{1-\rho^5}\rho^5$ であり，また，$\mu = 15$, $\lambda = 12$ だから，$\rho = 12/15 = 4/5 = 0.8$ となる．これを代入して，つぎのように求められる．$\dfrac{1-0.8}{1-(0.8)^5} \times (0.8)^5 = \dfrac{1-0.8}{1-0.328} \times 0.328 = 0.098 = 9.8$．

(2) 平均待ち人数 L_q を求める．$\lambda = 12$ [人/時間], $\rho = 0.8$ だから，$L_q = \dfrac{\rho^2(1-4\rho^3+3\rho^4)}{(1-\rho)(1-\rho^5)} = \dfrac{0.64(1-4\times 0.512 + 3\times 0.41)}{0.2 \times 0.328} = \dfrac{0.1152}{0.0656} = 1.76$ 人 となる．

(3) 平均待ち時間は，$W_q = L_q/\lambda$ であるから，$(1/12) \times 1.76 = 0.146 = 0.15$ [時間] $=$

8.8 [分] となる.

7.4 到着は 20 [人/時間] のポアソン分布であるとする．サービスは N [人/時間] の指数分布であるとする．このときの待ち時間が 1/6 [時間] 以上待つ客の数を 10% 以下にしたい．1 時間の平均到着人数が 20 人であるから，1 時間の平均待ち人数が m 人であるとすると，$m/20 \leq 0.1$ であれば良いことになる．平均待ち人数は $M/M/1(\infty)$ の公式によって，$L_q = \dfrac{\rho^2}{1-\rho}$ となる．ここで，$\rho = \lambda/\mu = 20/N$ であるから，式 (7.16) によって，$L_q = \dfrac{\lambda^2}{\mu(\mu-\lambda)} = \dfrac{20^2}{N(N-20)} = m$．よって，$m = \dfrac{400}{N(N-20)}$ となる．以上から，$\dfrac{m}{20} = \dfrac{400}{N(N-20)} \leq 0.1$．よって，$200 \leq N(N-20)$．これを変形して $N^2 - 20N - 200 \geq 0$，これを解いて $N \leq 10 - 10\sqrt{3}, 10 + 10\sqrt{3} \leq N$ となる．$N > 0$ であるから，$N \geq 10 + 10\sqrt{3} = 10 + 17.3 = 27.3$ となる．以上から，28 [人/時間] のサービスを達成しなくてはならない．

7.5 到着は $\lambda = 8$ [人/時間] $= 2/15$ [人/分] のポアソン到着である．サービスは平均 5 分，分散 36 であるから，$L = \dfrac{2}{15} \times 5 + \dfrac{(2/15)^2 \times 6^2 + (2/15 \times 5)^2}{2\{1 - (2/15) \times 5\}} = 2/3 + 74/75 = 124/75$ [人]，$L_q = L - \rho = 124/75 - 2/3 = 74/75$ [人]．さらに，リトルの公式によって，$W_q = \dfrac{1}{\lambda} L_q = (15/2) \times (74/75) = 74/10 = 7.4$ [分]．

【第 8 章】

8.1 到着はポアソン分布であり，平均は 5 [人/時間] であるから，$\lambda = 5$ [人/時間] である．サービスは平均 10 [分/人] の指数分布であるから，$\mu = 6$ [人/時間] である．これから，$\rho = \lambda/\mu = 5/6$ となり，定常分布は存在する．ポアソン到着なので，これを指数到着間隔の乱数を利用する．したがって，U から逆変換法で指数乱数を生成する．そのための変換式は $X = -(1/5)LN(U)$ である．さらに，サービス分布の乱数は $Y = -(1/6)LN(V)$ である．これを用いてシミュレーションを実行すればよい．念のため，理論的な結果をつぎに載せておく．平均待ち時間は，$W_q = \dfrac{\lambda}{\mu} \times \dfrac{1}{\mu - \lambda} = \dfrac{5}{6} \times \dfrac{1}{6-5} = 5/6$ [時間]，平均待ち人数は，$L_q = \dfrac{\lambda}{\mu} \times \dfrac{\lambda}{\mu-\lambda} = \dfrac{5}{6} \times \dfrac{5}{6-5} = 25/6$ [人]．

8.2 乱数に相談時間を対応させる方法は，分布確率に従って，乱数が $0 \leq$ (乱数) < 17 のときは相談時間 15 分を対応させ，乱数が $17 \leq$ (乱数) < 83 のときは相談時間 20 分を対応させ，乱数が $83 \leq$ (乱数) のときは相談時間 30 分 を対応させることになる．

　不明な点は例題 8.1 の説明を参照すること．シミュレーションで著者が得た結果は，待ち時間の平均値 43.76 [分] であった．

なお，これは 30 の乱数データを 5 回繰り返し生成して得た結果を平均した値である．このように，実際には 50 個くらいの乱数を繰り返し生成し，その平均をとる．

参考図書

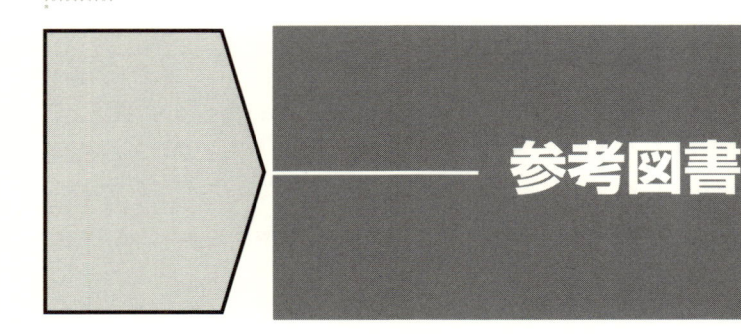

[1] 藤田勝康，あなたもできるシミュレーション Excel による OR 演習，日科技連出版社，2002.
[2] 榛沢芳雄，オペレーションズ・リサーチ－その技法と実例－，コロナ社，1994.
[3] 早坂清志，Excel の極意②－数式を極める－，毎日コミュニケーションズ，2008.
[4] J.P. イグナツィオ（高桑宗右ヱ門 訳），単一目標・多目標システムにおける線形計画法，コロナ社，2000.
[5] 石井博昭・坂和正敏・岩本誠一 編，ファジィOR，朝倉書店，2001.
[6] 木下栄蔵，よくわかる AHP －孫子の兵法の戦略モデル－，オーム社，2006.
[7] 長畑秀和，OR へのステップ，共立出版，2002.
[8] 大石進一，待ち行列理論，コロナ社，2003.
[9] 大野勝久・逆瀬川浩孝・中出康一，Excel で学ぶオペレーションズリサーチ，近代科学社，2014.
[10] 坂和正敏，数理計画法の基礎，森北出版，1999.
[11] 坂和正敏，ファジィ理論の基礎と応用 POD 版，森北出版，2008.
[12] 刀根 薫，ゲーム感覚意思決定法－ AHP 入門－，日科技連出版社，1986.
[13] 刀根 薫，オペレーションズ・リサーチ読本，日本評論社，1991.
[14] 廣瀬英雄，実例で学ぶ確率・統計，日本評論社，2014.
[15] A.Kaufmann, M.M. Gupta（田中英夫 監訳，松岡 浩 訳），ファジィ数学モデル，オーム社，1992.
[16] 日本経営工学会 編，ものづくりに役立つ経営工学の事典－ 180 の知識－，朝倉書店，2014.
[17] T.Yamashita, *Fuzzification and defuzzification in fuzzy AHP for supporting human decision making*，知能と情報 Vol.17(6)(2005)685-690.

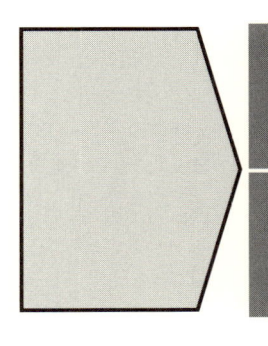

索引

▶英数字
AHP法　48
C.I.　54
CP　14
CPM法　8, 18
f-OR　70
LP法　25
MC法　128
NLP法　25
n人ゲーム　98
OR　1
PDCAサイクル　4
PERT表　12
PERT法　8
P.K　125
TFN　80

▶あ
曖昧　70
アーラン分布　115
アロー　10
アローダイアグラム　9
鞍点　101
一様分布　129
一様乱数　130
一対比較　51
一対比較行列　51
一対比較値の平均値　51
一点見積もり　11
ウエイト　54
ウエイトによる加重平均　56
栄養問題　34
オプション　142

オペレーションズ・リサーチ　1

▶か
下位基準　57
開始時刻　13
階層化意思決定法　48
階層図　49
拡張原理　75
確定型モデル　128
確率型モデル　128
確率変数　113
確率密度関数　113
観点　51
幾何平均法　53
希少性　116
帰属度　72
帰属度関数　74
期待利得　103
逆変換法　129
競争状態　98
許容変動幅　89
均衡解　101, 103
近似値　20
区分的に連続　74
クリティカルな作業　14
クリティカルパス　14
系　117
計画法　25
系内滞在人数　117
系の長さ　117
経路　14
ゲームの値　101
ゲーム理論　98
ケンドールの記号　117

工期　13
後続作業　16
後退計算　12
呼損率　120
混合戦略　102

▶さ
最可能値　19
在庫理論　6
最終目標　49
最早開始時刻　13
最早終了時刻　13
最早ノード時刻　12
最大化決定の原理　89
最短時間　19
最遅開始時刻　13
最遅終了時刻　13
最遅ノード時刻　12
最長時間　19
最適解　28
最適混合戦略　103
作業　8
作業リスト　9
サービス分布　117
三角形ファジィ数　80
算術乱数　145
三すくみの構造　54
三点見積もり　11, 19
仕事　8
指数サービス　117
指数分布　113
指数乱数　130
実行可能領域　27
支払行列　100
シミュレーション　128

集合　70
囚人のジレンマ　161
重要度　49
自由余裕　14
終了時刻　13
縮約　109
純粋戦略　100
純粋戦略と混合戦略の関係定理　103
上位基準　57
状態確率　119
所要時間　9
処理時間間隔　117
シンプレックス法　29
数値解法　29
数理計画法　25
図解法　29
スケジューリング　8
ストップルール　98
整合度　54
生産問題　31
制約条件　25，27
絶対評価水準　61
絶対評価法　61
ゼロ和ゲーム　98
線形計画法　25
先行作業　9
戦術　98
前進計算　12
全体集合　71
全余裕　13
戦略　100
相対評価法　61
双対法　46

▶た
台形型ファジィ数　78
台集合　73
代替案　49
代表通常数　81
互いに独立　116
ダミー　10
単位分布　113
単体法　29
端点定理　28
調和平均法　66

手　98
定式化　26
定常状態　118
定常性　116
定常分布　119
手番　98
統計的な分布式　112
到着分布　116
特性関数　71
独立性　116
トラフィック密度　117

▶な
内点法　29
ナッシュ均衡解　161
日程計画法　8
ネットワーク　9
ノード　10
ノード番号　10

▶は
配置問題　38
パス　14
比較値　50
比較判断の観点　51
悲観値　19
非協力非ゼロ和ゲーム　161
非ゼロ和ゲーム　98
非線形計画法　25
評価基準　49
評価理論　6
標準的な時間　19
比率尺度　50
ファジィAHP法　93
ファジィLP法　88
ファジィOR　70
ファジィPERT法　82
ファジィ集合　72
ファジィ数　73
ファジィネス　70
ファジィ理論　70
不整合　54
部分集合　71
プロジェクト　8
分散　113

分布関数　113
平均　113
平均値　51
平衡状態　117
ポアソン到着　116
ポアソン分布　114
ポアソン乱数　135
ポラチェック・ヒンチンの公式　125

▶ま
マイナーTFN　82
マクシミン戦略　100
マクシミン値とミニマックス値の関係　101
待ち行列の長さ　118
待ち行列理論　112
窓口稼働率　133
密度関数　113
ミニマックス原理　101
ミニマックス戦略　100
ミニマックス定理　103
ミンコウスキーの減法　83
無限ゲーム　98
メジャーTFN　82
目的関数　25，26
モデル化　3
モンテカルロ法　128

▶や
優越　109
優越する　82
有限ゲーム　98
輸送問題　35
輸送理論　6
要素　71
予測公式　19
予測理論　6
余裕時間　13

▶ら
楽観値　19
ランク付け　81
乱数　129
ランダムな到着　116
離散型　74

利得行列　99, 100	利用率　117	連続型　74
利得表　99	レベル　61	連続型ファジィ数　78
リトルの公式　118	レポート　30, 142	

著 者 略 歴

伊藤 益生（いとう・ますお）
1975 年　早稲田大学教育学部理学科数学専修卒業
1975 年　株式会社竹中工務店入社
1978 年　東京都立高等学校教諭
1994 年　上越教育大学学校教育研究科修了
1998 年　博士（理学）（新潟大学）
1999 年　国立工業高等専門学校教官
2009 年　中央学院大学商学部非常勤講師
2014 年　小山工業高等専門学校非常勤講師
　　　　　現在に至る

編集担当　加藤義之（森北出版）
編集責任　富井　晃（森北出版）
組　　版　ディグ
印　　刷　同
製　　本　ブックアート

例題で学ぶ
オペレーションズ・リサーチ入門　　　ⓒ 伊藤益生　2015

2015 年 7 月 27 日　第 1 版第 1 刷発行　【本書の無断転載を禁ず】

著　者　伊藤益生
発行者　森北博巳
発行所　森北出版株式会社
　　　　東京都千代田区富士見 1-4-11（〒102-0071）
　　　　電話 03-3265-8341／FAX 03-3264-8709
　　　　http://www.morikita.co.jp/
　　　　日本書籍出版協会・自然科学書協会　会員
　　　　JCOPY　＜(社)出版者著作権管理機構 委託出版物＞

落丁・乱丁本はお取替えいたします．

Printed in Japan／ISBN978-4-627-09641-7